高等法律职业教育系列教材
审定委员会

高等法律职业教育系列教材

计算机应用基础（Windows 7+Office 2010）

JISUANJI YINGYONG JICHU（Windows 7+Office 2010）

主　编 ○ 徐金成　　陈晓明

副主编 ○ 占善华

撰稿人 ○（以撰写章节先后为序）

　　　徐金成　　占善华　　龙则灵　　赖河蒗

　　　陈丽仪　　刘宗妹

中国政法大学出版社

2017·北京

图书在版编目（CIP）数据

计算机应用基础：Windows7+Office 2010/徐金成，陈晓明主编. —北京：中国政法大学出版社，2017.6（2025.1重印）

ISBN 978-7-5620-7297-3

Ⅰ．①计⋯　Ⅱ．①徐⋯②陈⋯　Ⅲ．①Windows操作系统—教材②办公自动化—应用软件—教材

Ⅳ．①TP316.7②TP317.1

中国版本图书馆CIP数据核字(2017)第150745号

出 版 者	中国政法大学出版社
地　　址	北京市海淀区西土城路 25 号
邮　　箱	fadapress@163.com
网　　址	http://www.cuplpress.com (网络实名：中国政法大学出版社)
电　　话	010-58908435(第一编辑部) 58908334(邮购部)
承　　印	保定市中画美凯印刷有限公司
开　　本	787mm×1092mm　1/16
印　　张	17
字　　数	352 千字
版　　次	2017 年 6 月第 1 版
印　　次	2025 年 1 月第 4 次印刷
印　　数	13001~17000 册
定　　价	39.00 元

总　序

高等法律职业化教育已成为社会的广泛共识。2008 年，由中央政法委等 15 部委联合启动的全国政法干警招录体制改革试点工作，更成为中国法律职业化教育发展的里程碑。这也必将带来高等法律职业教育人才培养机制的深层次变革。顺应时代法治发展需要，培养高素质、技能型的法律职业人才，是高等法律职业教育亟待破解的重大实践课题。

目前，受高等职业教育大趋势的牵引、拉动，我国高等法律职业教育开始了教育观念和人才培养模式的重塑。改革传统的理论灌输型学科教学模式，吸收、内化"校企合作、工学结合"的高等职业教育办学理念，从办学"基因"——专业建设、课程设置上"颠覆"教学模式："校警合作"办专业，以"工作过程导向"为基点，设计开发课程，探索出了富有成效的法律职业化教学之路。为积累教学经验、深化教学改革、凝塑教育成果，我们着手推出"基于工作过程导向系统化"的法律职业系列教材。

《国家（2010～2020 年）中长期教育改革和发展规划纲要》明确指出，高等教育要注重知行统一，坚持教育教学与生产劳动、社会实践相结合。该系列教材的一个重要出发点就是尝试为高等法律职业教育在"知"与"行"之间搭建平台，努力对法律教育如何职业化这一教育课题进行研究、破解。在编排形式上，打破了传统篇、章、节的体例，以司法行政工作的法律应用过程为学习单元设计体例，以职业岗位的真实任务为基础，突出职业核心技能的培养；在内容设计上，改变传统历史、原则、概念的理论型解读，采取"教、学、练、训"一体化的编写模式。以案例等导出问题，根据内容设计相应的情境训练，将相关原理与实操训练有机地结合，围绕关键知识点引入相关实例，归纳总结理论，分析判断解决问题的途径，充分展现法律职业活动的演进过程和应用法律的流程。

法律的生命不在于逻辑，而在于实践。法律职业化教育之舟只有驶入法律实践的海洋当中，才能激发出勃勃生机。在以高等职业教育实践性教学改革为平台进行法律职业化教育改革的路径探索过程中，有一个不容忽视的现实问题：高等职业教育人才培养模式主要适用于机械工程制造等以"物"作为工作对象的职业领域，而法律职业教育主要针对的是司法机关、行政机关等以"人"作为工作对象的职业领域，这就要求在法律职业教育中对高等职业教育人才培养模式进行"辩证"地吸纳与深化，而不是简单、盲目地照搬照抄。我们所培养的人才不应是"无生命"的执法机器，而是有法律智慧、正义良知、训练有素的有生命的法律职业人员。但愿这套系列教材能为我国高等法律职业化教育改革作出有益的探索，为法律职业人才的培养提供宝贵的经验、借鉴。

2016 年 6 月

前　言

　　21 世纪是信息化时代，随着科学技术的高速发展，计算机技术已广泛地应用于各个领域。加强各类专业计算机基础教学是现代社会的需要，也是培养创新型人才的需要。因此，掌握丰富的计算机基础知识，正确、熟练地操作计算机，已成为信息化时代对每个人的要求。"计算机应用基础"是高等职业院校非计算机专业的公共基础课，是大学生必修的计算机课程。

　　本书根据"十二五"国家级规划教材指导精神，结合教育部高等学校计算机基础教学指导委员会编写的《高等学校大学计算机教学要求》以及教育部考试中心颁布的《全国计算机等级考试一级计算机基础及 MS Office 应用考试大纲（2013 年版)》编写而成。为学生适应将来专业课程的学习和今后工作的需要，本书的编写自始至终以面向计算机技术的最新社会应用、服务专业，启发学生兴趣，培养学生自主学习的能力为指导思想，力求叙述清楚、通俗易懂、内容丰富、图文并茂并且可操作性强，并反映高职教育计算机应用基础课程和教学内容体系的改革方向，适合高等职业院校所有专业学生使用。

　　本书在编写过程中，考虑了以下四个因素：

　　第一，知识更新、结构合理。本书在介绍计算机系统概念方面的内容时采用了最新研究成果，形成了 Windows 7 + Office 2010 版本的基础操作与应用体系。

　　第二，内容丰富、详略得当。本书共分为 6 个模块。模块一主要介绍计算机的表示与存储、计算机系统的组成、计算机技术与社会发展；模块二主要介绍 Windows 7 操作系统概述、计算机文件管理和用户管理、附件及多媒体工具的使用；模块三主要介绍如何使用 Word 2010 对文档进行编辑、排版、页面布局，图像及其他对象的处理，表格的制作与处理；模块四主要介绍 Excel 2010 的基本操作，公式及函数的使用以及图表的使用等；模块五主要介绍使用 PowerPoint 2010 创建演示文稿，幻灯片版式的设计、幻灯片的动画、切换效果与交互等；模块六主要介绍计算机网络的基础知识、互联网技术、计算机网络安全等。

第三，通俗易懂、适用面广。各类读者通过对本书的学习并结合上机操作练习，能在较短的时间内快速地掌握计算机基础知识、Windows 7 操作系统和 Office 2010 办公软件的使用以及计算机网络的相关知识和网络信息检索。

第四，前后相关、系统教学。本书各章节内容相互联系，形成系统教学环境，便于学习者理解、掌握。

本书由徐金成、陈晓明担任主编，占善华担任副主编。徐金成完成了模块一、模块三、模块四的编写，其中，模块三是和龙则灵合编，模块四是和赖河蒗合编；占善华完成了模块二的编写；陈丽仪完成了模块五的编写；刘宗妹完成了模块六的编写。全书由徐金成统稿，陈晓明主审。

在本书的编写过程中参考了很多优秀的同类教材，受益匪浅；得到了所在学校领导、老师们的支持，获取了许多宝贵经验和建议，在此一并致以衷心的感谢。

由于时间仓促，加之作者水平有限，书中难免有不妥之处，恳请广大读者批评指正。

编　者

2017 年 6 月

模块一 计算机基础知识 ·· 1

　　任务一　计算机概述 ·· 1

　　任务二　信息的表示与存储 ·· 6

　　任务三　计算机系统的组成 ··· 10

　　任务四　计算机技术与社会发展 ······································· 25

　　习　题 ··· 27

模块二 Windows 7 操作系统 ··· 30

　　任务一　Windows 7 操作系统概述 ····································· 30

　　任务二　计算机文件管理和用户管理 ···································· 42

　　任务三　附件及多媒体工具的使用 ····································· 53

　　习　题 ··· 58

模块三 文字编辑软件 Word 2010 ··· 61

　　任务一　Word 2010 的基本操作 ······································ 61

　　任务二　文档的基本操作 ·· 64

　　任务三　文档的字符和段落格式设置 ···································· 72

　　任务四　文档的页面布局 ·· 84

　　任务五　图形及其他对象处理 ··· 96

　　任务六　表格的制作与处理 ·· 107

　　任务七　其他用途与功能 ··· 118

　　习　题 ·· 127

模块四 表格处理软件 Excel 2010 ·· 130

　　任务一　Excel 2010 概述 ·· 130

任务二　工作簿和工作表的基本操作 ………………………………………… 132

任务三　单元格的基本操作 …………………………………………………… 138

任务四　工作表的格式化 ……………………………………………………… 148

任务五　公式与函数 …………………………………………………………… 153

任务六　数据管理和分析 ……………………………………………………… 162

任务七　图表创建与编辑 ……………………………………………………… 172

任务八　工作表的打印及其他应用 …………………………………………… 176

习　题 ………………………………………………………………………… 179

模块五　演示文稿设计软件 PowerPoint 2010 …………………………………… 182

任务一　PowerPoint 2010 演示文稿概述 …………………………………… 182

任务二　PowerPoint 2010 演示文稿的基本操作 …………………………… 188

任务三　编辑幻灯片 …………………………………………………………… 193

任务四　设计幻灯片版式 ……………………………………………………… 202

任务五　添加幻灯片的动画、切换效果与交互 ……………………………… 206

任务六　设置幻灯片的放映方式与输出 ……………………………………… 213

习　题 ………………………………………………………………………… 222

模块六　计算机网络基础知识与应用 …………………………………………… 225

任务一　计算机网络的基础知识 ……………………………………………… 225

任务二　计算机网络的连接设备和传输介质 ………………………………… 229

任务三　Internet 技术 ………………………………………………………… 232

任务四　计算机网络安全 ……………………………………………………… 238

任务五　计算机网络的应用 …………………………………………………… 242

习　题 ………………………………………………………………………… 248

参考文献 ………………………………………………………………………… 250

附录一　习题参考答案 ………………………………………………………… 251

附录二　全国高等学校计算机水平考试 I 级
　　　　——《计算机应用》考试大纲(试行)Windows 7 + Office 2010 版 ………… 253

模块一

计算机基础知识

人类历史的诞生伴随着信息的诞生，可是人类对信息的认识却姗姗来迟，直到电子计算机出现以后，才逐渐露出信息时代的真正面目。计算机的普及应用与现代通信技术的结合是人类社会语言的使用，文字的创造，印刷术的发明以及电报、广播、电视的发明之后的第五次信息革命。它的广泛使用提高了人类对信息的利用水平，极大地推动了人类社会的进步与发展。

任务一　计算机概述

知识与能力目标

1. 了解计算机的发展、分类、特点及应用。
2. 熟悉计算机系统的基本组成。
3. 掌握计算机的硬件系统。
4. 掌握计算机的软件系统。
5. 理解计算机技术与社会发展的关系。

人们通常所说的计算机即电子数字计算机，俗称"电脑"。1946年2月，世界上第一台数字式电子计算机——美国宾夕法尼亚大学物理学家莫克利（J. Mauchly）和工程师埃克特（J. P. Eckert）等人共同研制的电子数值积分计算机（Electronic Numerical Integrator And Calculator，简称 ENIAC）诞生，它主要用于弹道计算。

ENIAC 不具备现代计算机"存储程序"的思想。1946年6月，冯·诺依曼提出了采用二进制和存储程序控制的机制，并设计出第一台"存储程序"的离散变量的自动电子计算机（The Electronic Discrete Variable Automatic Computer，简称 EDVAC），1952年 EDVAC 正式投入运行，其运算速度是 ENIAC 的 240 倍。

一、计算机的发展史

从 ENIAC 问世以来，计算机的发展突飞猛进。依据计算机的主要元器件和其性能，人们将计算机的发展划分成以下四个阶段，如表 1 – 1 所示。

表 1 – 1　计算机换代表

	生存期	硬件特点	软件特点
第一代	1946 ~ 1958 年	采用电子管	采用机器语言或汇编语言编程
第二代	1958 ~ 1964 年	采用晶体管	出现了高级程序设计语言
第三代	1964 ~ 1970 年	采用中、小规模集成电路	操作系统逐渐成熟，出现了网络技术等
第四代	1970 年至今	采用大规模、超大规模集成电路	出现了多媒体技术等

（一）第一代（电子管计算机）

第一代计算机的逻辑元件采用的是真空电子管，主存储器采用泵延迟线，外存储器采用磁带。软件方面采用机器语言、汇编语言。主要用于数据数值运算领域，如军事和科学计算。第一代计算机因体积大、功耗高、可靠性差、速度慢、价格昂贵，并且需要大量的空调设备保持冷却等，应用十分受限。

（二）第二代（晶体管计算机）

第二代计算机的逻辑元件采用的是晶体管，主存储器采用磁芯存储器，外存储器有磁盘、磁带。软件方面有操作系统、高级语言及编译程序。应用领域除科学计算和事务处理外，还用于工业控制领域。其特点是体积缩小、能耗降低、可靠性提高、运算速度提高（一般为每秒 10 万次，可高达 300 万次）。

（三）第三代（中、小规模集成电路计算机）

第三代计算机的逻辑元件采用中、小规模集成电路（MSI、SSI），主存储器开始采用半导体存储器。软件方面出现了分时操作系统以及结构化、规模化程序设计方法，开始应用于文字处理和图形图像处理领域。特点是速度更快（一般为每秒数百万次至数千万次），可靠性有了显著提高，价格下降，走向了通用化、系统化和标准化等。

（四）第四代（大规模、超大规模集成电路计算机）

第四代计算机的逻辑元件采用大规模和超大规模集成电路（LSI 和 VLSI），计算机体积、成本和重量大大降低。软件方面出现了数据库管理系统、网络管理系统和面向对象语言等。由于集成技术的发展，半导体芯片的集成度更高，可以把计算器和控制器都集中在一个芯片上，从而出现了微处理器。1971 年微处理器在美国硅谷诞生，开创了微型计算机的新时代。微型计算机体积小，价格偏便宜，使用方便，但它的功能和运算速度已经达到甚至超过了过去的大型计算机。应用领域已逐步涉及社会的各个

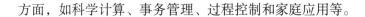

方面，如科学计算、事务管理、过程控制和家庭应用等。

二、计算机的发展方向

随着计算机技术的不断发展，当今计算机技术正朝着巨型化、微型化、网络化和智能化方向发展；但是根据摩尔定律，传统的电子计算机中的逻辑电路逐渐接近物理性能极限，且电子计算机在计算能力等方面亦存在局限性，科学家期待并开始寻找新的计算模型来代替传统的电子计算。量子计算机是指利用量子相干叠加原理，理论上具有超快的并行计算和模拟能力的计算机。曾有人打过一个比方：如果现在传统计算机速度是自行车，量子计算机的速度就好比飞机。例如，一台操纵 50 个围观粒子的量子计算机，对特定问题的处理能力可超过目前最快的"神威·太湖之光"超级计算机。

巨型化是指计算机运算速度极高、存储容量大、功能更强大和完善，主要用于天文、气象、地质和核反应、生物工程、航空航天、气象、军事、人工智能等学科领域。

微型化是指计算机体积更小、功能更强、价格更低。从第一块微处理器芯片问世以来，计算机芯片集成度越来越高，功能越来越强，使计算机微型化的进程和普及率越来越快。

网络化是指计算机网络将不同地理位置上具有独立功能的不同计算机通过通信设备和传输介质互连起来，在通信软件的支持下，实现网络中的计算机之间共享资源、交换信息、协同工作。计算机网络在社会经济发展中发挥着极其重要的作用，其发展水平已成为衡量国家现代化程度的重要指标。随着 Internet 的飞速发展，计算机网络已广泛应用于政府、企业、科研、学校、家庭等领域，为人们提供及时、灵活和快捷的信息服务。

智能化是指让计算机能够模拟人类的智力活动，如感知、学习、推理等能力。

三、计算机的分类

计算机发展到今天，已是琳琅满目、种类繁多，可以从不同的角度对它们进行分类。

（一）按照使用范围的分类

按照使用范围分类，可以分为通用计算机和专用计算机。

1. 通用计算机。通用计算机是指各行业、各种工作环境都能使用的计算机。它不但能办公，还能用于图形设计、网页制作、上网查询资料等，具有功能多、配置全、用途广、通用性强等特点。

2. 专用计算机。专用计算机是指专为解决某一特定问题而设计制造的计算机。它一般拥有固定的存储程序，具有效率高、速度快、精度好、使用面窄等特点。

（二）按照本身性能的分类

根据计算机的性能指标，如机器规模的大小、运算速度的高低、主存储容量的大小、指令系统性能的强弱以及计算机的价格等，可将计算机分为超级计算机、大型计算机、小型计算机、微型计算机和工作站五类。

1. 超级计算机（Supercomputer）。超级计算机又称巨型机，它是目前功能最强、性能最高、价格最贵，运算速度在每秒亿次以上的计算机。一般用于核物理研究、核武器设计、航天航空飞行器设计、国民经济的预测和决策、能源开发、中长期天气预报、卫星图像处理、情报分析和各种科学研究方面，是强有力的模拟和计算工具，对国民经济和国防建设具有特别重要的价值。2016 年 6 月 20 日，由国家并行计算机工程技术研究中心研制的"神威·太湖之光"，它取代"天河二号"成为全球最快超级计算机。2016 年 7 月 15 日，超级计算机"神威·太湖之光"获吉尼斯世界纪录认证。

2. 大型计算机（Mainframe）。大型计算机也有很高的运算速度和很大的存储容量，运算速度在每秒几千万次左右，并允许相当多的用户同时使用。当然在量级上都不及超级计算机，价格也相对比巨型机便宜。其特点表现在通用性强、性能覆盖面广、具有很强的综合处理能力等，主要供公司、银行、政府部门、社会管理机构和制造厂家等使用，通常被人们称为"企业级"计算机。

3. 小型计算机（Minicomputer）。小型计算机规模比大型机要小，运算速度在每秒几百万次左右，但仍能支持几十个用户同时使用。这类机器价格便宜，适合中小型企事业单位使用。美国的 PDP－11 系列、NOVA 系列和中国的 DJS100 系列均属于小型计算机。

4. 微型计算机（Microcomputer）。其最主要的特点是小巧、灵敏、便宜，不过每次只能供一个用户使用，所以微型计算机也叫个人计算机（Personal Computer，PC）。按外形和使用特点分类，微机可分为台式计算机、电脑一体机、笔记本电脑、掌上电脑和平板电脑。

5. 工作站（Workstation）。它与功能较强的高档微机之间的差别不是十分明显。通常，它比微型机有较大的存储容量和较快的运算速度，而且配备大屏幕显示器。它主要用于图像处理和计算机辅助设计等领域。

四、计算机的特点

计算机作为一种通用的信息处理工具，具有极高的处理速度、很强的存储能力、精确的计算能力和逻辑判断能力，其主要特点表现在以下几个方面：

（一）运算速度快

运算速度是计算机的一个重要性能指标。通常用每秒钟执行定点加法的次数或平均每秒钟执行指令的条数来衡量计算机运算速度。计算机的运算速度已由早期的每秒

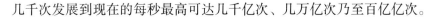

几千次发展到现在的每秒最高可达几千亿次、几万亿次乃至百亿亿次。

（二）计算精度高

在科学研究和工程设计中，对计算的结果精度有很高的要求。一般计算机对数据的结果精度可达到十几位、几十位有效数字，通过一定的技术甚至根据需要可达到任意的精度。

（三）存储容量大

计算机的存储器可以存储大量数据。目前计算机的存储容量越来越大，已有高达千兆数量级的容量。

（四）具有逻辑判断功能

计算机还有比较、判断等逻辑运算的功能，可实现各种复杂的推理。

（五）自动化程度高，通用性强

计算机可以根据人们编写的程序，完成工作指令，代替人类的很多工作，如机械手、机器人等。计算机通用性的特点能解决自然科学和社会科学中的许多问题，可广泛地应用各个领域。

五、计算机的应用

计算机应用已在社会各个领域普及，概括来讲，主要分为以下几个方面：

（一）科学计算

科学计算也称为数值计算，最早研制的计算机就是用于科学计算的。科学计算是计算机应用的一个重要领域，如地震预测、气象预报、航天技术等。

（二）信息处理

信息处理也称数据处理，是计算机应用最广泛的一个领域，利用计算机来对数据进行收集、加工、检索和输出等操作，如企业管理、物资管理、报表统计、学生管理、信息情报检索等。

（三）自动控制

工业生产过程中，计算机对某些信号自动进行检测、控制，可降低工人的劳动强度，减少能源损耗，提高生产效率。

（四）计算机辅助系统

计算机辅助设计（CAD）、计算机辅助制造（CAM）、计算机辅助测试（CAT）、计算机辅助教学（CAI）、计算机辅助教育（CBE）、计算机集成制造系统（CIMS）。

（五）人工智能（AI）

人们开发一些具有人类某些智能的应用系统，用计算机来模拟人的思维判断、推理等智能活动，如机器人、模式识别、专家系统等。

（六）多媒体应用

多媒体技术（Multimedia Technology）是利用计算机对文本、图形、图像、声音、动画、视频等信息进行综合处理，建立逻辑关系和人机交互作用的技术。

（七）网络与通信

计算机网络是通信技术与计算机技术高度发展结合的产物。网上聊天、网上冲浪、电子邮政、电子商务、电视电话会议、远程教育等为人们的学习、生活等提供了极大的便利。

任务二　信息的表示与存储

📖 知识与能力目标

1. 掌握计算机的信息存储与数码关系。
2. 了解二进制、八进制、十进制和十六进制之间的关系。

一、信息与数据

计算机最主要的功能是信息处理。信息就是对客观事物的反映，从本质上看信息是对社会、自然界的事物特征、现象、本质及规律的描述。信息可通过某种载体如符号、声音、文字、图形、图像等来表征和传播。对计算机来讲，输入和处理的对象是数据，各种形式的输出是信息。在计算机科学中，数据是指所有能输入到计算机并被计算机程序处理的符号介质的总称，是具有一定意义的数字、字母、符号和模拟量等的通称。

二、进制计数制

（一）数制的概念

数制也称进位计数制，是指用一组固定的符号和统一的规则来表示数值的方法，它遵循由低位向高位进位计数的规则。在进位计数制中有数码、基数和位权三个要数。

1. 数码。它是指数制中表示基本数值大小的不同数字符号。例如，十进制有 10 个数码：0、1、2、3、4、5、6、7、8、9；数位是指数码在一个数中所处的位置。

2. 基数。它是指在某种进位计数制中，每个数位上所能使用的数码的个数；例如，十进制基数是 10，每个数位上所能使用的数码为 0~9。

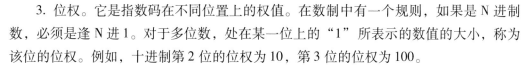

3. 位权。它是指数码在不同位置上的权值。在数制中有一个规则，如果是 N 进制数，必须是逢 N 进 1。对于多位数，处在某一位上的"1"所表示的数值的大小，称为该位的位权。例如，十进制第 2 位的位权为 10，第 3 位的位权为 100。

一般情况下，对于 N 进制数，整数部分第 i 位的位权为 $N^{(i-1)}$，而小数部分第 j 位的位权为 $N^{(j-1)}$。

（二）几种常用的数制

人们通常采用的数制有十进制、二进制、八进制、十二进制和十六进制。在日常生活中一般使用十进制，进位规律"逢十进一"，其由 0、1、2 ~ 9 等 10 个数码组成。数码即表示基本数值大小的不同数字符号。一种计数制中允许使用的基本数码的个数称为该数制的基数。

一般用（　）$_x$ 表示 X 进制数，例如，用（　）$_{10}$ 表示十进制数；用（　）$_2$ 表示二进制数。在计算机中，在数字的后面用特定字母表示该数的进制：二进制 B（binary）、八进制 O（octal）、十进制 D（decimal）、十六进制 H（hexadecimal），例如，十进制数 9999 可以表示为（9999）$_{10}$ 或者 9999D（或者 9999，十进制符号 D 可省略）；二进制数 110 可以表示为（110）$_2$ 或者 110B。

常见各数制介绍如表 1 - 2 所示。

表 1 - 2　常见数制

数制	基数	数码	进位规律	标志符	举例
十进制	10	0、1、2、3、4、5、6、7、8、9	逢十进一	D	2514D
二进制	2	0、1	逢二进一	B	1010B
八进制	8	0、1、2、3、4、5、6、7	逢八进一	O	1357O
十六进制	16	0、1、2、3、4、5、6、7、8、9、A、B、C、D、E、F	逢十六进一	H	1001H 26AEH

三、数制间的转换

（一）其他进制转换为十进制

将其 R 进制按位权展开，然后各项相加，就得到相应的十进制数。可表示为：对于任意 R 进制数：$A_{n-1}A_{n-2}\cdots A_1 A_0 A_{-1}\cdots A_{-m}$（其中 n 为整数位数，m 为小数位数），其对应的十进制数可以用以下公式计算（其中 R 为基数）：

$$A_{n-1} \times R^{n-1} + A_{n-2} \times R^{n-2} + \cdots A_1 \times R^1 + A_0 \times R^0 + A_{-1} \times R^{-1} + \cdots A_{-m} \times R^{-m}$$

1. 二进制转换为十进制。将二进制数 11011.01 转换为十进制数，其转换过程如下：

$(11011.01)_2 = 11011.01B = 1 \times 2^4 + 1 \times 2^3 + 0 \times 2^2 + 1 \times 2^1 + 1 \times 2^0 + 0 \times 2^{-1} + 1 \times 2^{-2} = 16 + 8 + 2 + 1 + 0.25 = 27.25D$

2. 八进制转换为十进制。将八进制数 123.4 转换为十进制数，其转换过程如下：

$(123.4)_8 = (123.4)O = 1 \times 8^2 + 2 \times 8^1 + 3 \times 8^0 + 4 \times 8^{-1} = 64 + 16 + 3 + 0.5 = 83.5O$

3. 十六进制转换为十进制数。将十六进制数 1B3F 转换为十进制数，其转换过程如下：

$(1B3F)_{16} = 1B3FH = 1 \times 16^3 + 11 \times 16^2 + 3 \times 16^1 + 15 \times 16^0 = 4096 + 2816 + 48 + 15 = 6975D$

（二）将十进制转换成其他进制

十进制数转换为其他进制，分两部分进行，即整数部分和小数部分。

整数部分：（基数除法）把要转换的数除以新的进制的基数，把余数作为新进制的最低位；把上一次得的商再除以新的进制基数，把余数作为新进制的次低位；继续上一步，直到最后的商为零，这时的余数就是新进制的最高位。

小数部分：（基数乘法）把要转换数的小数部分乘以新进制的基数，把得到的整数部分作为新进制小数部分的最高位；把上一步得到的小数部分再乘以新进制的基数，把整数部分作为新进制小数部分的次高位；继续上一步，直到小数部分变成零为止，或者达到预定的要求也可以。

将 $(36.125)_{10}$ 转换成二进制数，其转换过程如下：

整数部分：除 2 取余，直到商为 0，自上而下

$36 \div 2 = 18$	余数为 0	
$18 \div 2 = 9$	余数为 0	
$9 \div 2 = 4$	余数为 1	
$4 \div 2 = 2$	余数为 0	
$2 \div 2 = 1$	余数为 0	
$1 \div 2 = 0$	余数为 1	

小数部分：乘 2 取整，直到所需精度或小数部分为 0，自上而下

$0.125 \times 2 = 0.250$	整数为 0
$0.25 \times 2 = 0.50$	整数为 0
$0.5 \times 2 = 1.0$	整数为 1

所以 36.125D = 100100.001B

（三）二进制转换成八进制、十六进制

二进制转换成八进制、十六进制时，将二进制以小数点为中心，分别向左右两边分组，转换成八（或十六进制）进制数每 3（或 4）位为一组，整数部分向左分组，不足位数向左补 0，小数部分向右分组，不足位数向右边补 0，然后将每组二制数转换成八（或十六）进制数。每组二进制数将其对应数码是 1 的权值相加即得对应的八（或十六）进制数，如二进制数 101，最低位的 1 权值是 1，最高位 1 的权值是 2^2（即 4），101B = 5O。

例如，将二进制数 10011101.011101 转换成八进制和十六进制，其转换过程如下：

$$\left(\underset{4}{100}\ \underset{7}{101}\ \underset{5.}{001.}\ \underset{3}{001}\ \underset{5}{101}\right)_2 = (475.35)_8$$

$$\left(\underset{9}{1001}\ \underset{D.}{1101.}\ \underset{7}{0111}\ \underset{4}{0100}\right)_2 = (9D.74)_{16}$$

四、计算机中数据的编码

编码是指用少量的基本符号根据一定的规则组合起来表示复杂多样的信息。

（一）ASCII 码

ASCII 码即美国信息交换标准代码，ASCII 是基于拉丁字母的一套电脑编码系统，是由美国国家标准学会（American National Standard Institute，ANSI）制定的，标准的单字节字符编码方案用于基于文本的数据。

使用指定的 7 位或 8 位二进制数组合来表示 128 或 256 种可能的字符。标准 ASCII 码也叫基础 ASCII 码，使用 7 位二进制数（1 个字节储存）来表示所有的大写和小写字母，数字 0～9、标点符号以及在美式英语中使用的特殊控制字符，共 128 个编码。

ASCII 码的大小规则：①数字 0～9 比字母要小。如"1"<"A"。②数字 0 比数字 9 要小，并按 0～9 顺序递增。如"1"<"7"。③字母 A 比字母 Z 要小，并按 A～Z 的顺序递增。如"A"<"Z"。④同一字母的大写字母比小写字母要小。如"A"<"a"。

（二）汉字编码

为了使每个汉字有一个全国统一的代码，我国国家标准局于 1980 年颁布了汉字编码的国家标准：GB 2312 - 80《信息交换用汉字编码字符集（基本集）》。GB 2312 - 80 包括 6763 个常用汉字和 682 个非汉字图形符号的二进制编码，每个字符的二进制编码为 2 个字节。每个汉字有个二进制编码，叫汉字国标码。

GB 2312 - 80 将代码表分为 94 个区，对应第一字节，每个区 94 个位，对应第二字节，两个字节的值分别为区号值和位号值加 32（20H），因此也称为区位码。区位码 0101～0994 对应的是符号，1001～8794 对应的是汉字。GB 2312 将收录的汉字分为两级：第一级是常用的汉字计 3755 个，置于 16～55 区，按汉语拼音字母顺序排列；第二级汉字是次常用汉字计 3008 个，置于 56～87 区，按部首/笔画顺序排列。故而 GB 2312 最多能表示 6763 个汉字。

汉字的机内码是用于计算机内处理和存储的编码，采用变形国标码。其变换方法为：将国标码的每个字节都加上 128，即将两个字节的最高位由 0 改 1，也就是汉字机内码前后两个字节的最高位二进制值都设为 1，其余 7 位不变。

用于将汉字输入计算机内的编码称为输入码。输入码有形码（如五笔字型）、音码（如拼音输入码）、音形码（如自然码输入码）、区位码等。

汉字字形码是汉字字库中存储的汉字的数字化信息，用于输出显示和打印的字模点阵码，称为字形码。汉字字形点阵有 16×16 点阵、128×128 点阵、256×256 点阵等，点阵值越大描绘的汉字就越细微，占用的存储空间也越多。汉字点阵中每个点的信息要用一位二进制码来表示。16×16 点阵的字表码,存储一个汉字需要 32 字节(16×16÷8＝32）表示。

汉字字库是汉字字形数字化后，以二进制文件形式存储在存储器中而形成的汉字字模库。汉字字模库亦称汉字字形库，简称汉字字库。

任务三　计算机系统的组成

知识与能力目标

1. 了解计算机的硬件系统。
2. 了解计算机的软件系统。

一个完整的计算机系统由硬件（Hardware）系统和软件（Software）系统组成。硬件系统是指构成计算机的物理实体，如计算机的中央处理器、内外存储器、输入/输出设备等。软件系统指计算机使用的程序的集合及相关文档资料，它包括计算机自身运行需要的系统软件和解决用户具体用途的应用软件。完整的计算机系统构成如图 1－1 所示。计算机系统中的硬件和软件相辅相成，缺一不可。硬件是"躯体"，软件是"灵魂"，单纯的硬件系统又称裸机，裸机只能识别 0 和 1 组成的机器代码，用户几乎不能使用。只有二者协调配合，才能有效地发挥计算机的功能，为用户服务。

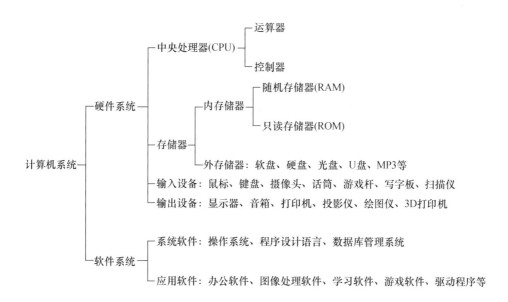

图 1-1　计算机系统构成

一、计算机工作原理

(一) 计算机指令、指令系统与程序

计算机能够根据人们预先的安排，自动地处理信息。在计算机中这种安排表现为一组指令，即操作者发出的命令，一条指令规定了计算机执行的一个基本操作，它由一系列二进制代码组成。指令通常分为操作码和地址码两大部分，操作码指明计算机执行什么样的操作，如加、减、乘、除、位移等；地址码用来描述指令的操作对象，如参加运算的数据所在的地址。一台计算机所支持的全部指令，称为该计算机的指令系统 (Instruction System)。指令系统能说明计算机对数据进行处理的能力。不同型号的计算机，其指令系统也不相同。目前指令系统的架构主要有精简指令集 (RISC) 与复杂指令集 (CISC)，RISC 主要有 ARM 指令集，常用于专用机，如嵌入式设备、无线通信、便携式设备等；CISC 主要有 Intel 的 x86 指令集，用于台式机和笔记本电脑。

使用者根据要解决问题的步骤，选用一条条指令进行有序排列，这些指令序列就称为程序 (Program)。指令系统越丰富、完备，程序编制就越方便、灵活。计算机执行指令的过程是将要执行的指令从内存调入 CPU，由 CPU 对该条指令进行分析、译码，判断该指令所要完成的操作，然后向相应部件发出操作的控制信号，从而完成该指令的功能。

(二) 计算机工作原理

计算机的工作过程就是执行指令的过程。将程序装入计算机并启动该程序后，计算机便能自动按编写的程序一步一步地取出指令，并根据指令的要求控制各个部分运行。这就是计算机工作的基本原理，该原理由冯·诺依曼最早提出，也称冯·诺依曼原理。指令执行的过程具体可分为如下四个基本操作：①取出指令：从存储器某个地址取出要执行的指令。②分析指令：把取出的指令送至指令编码器中，译出要进行的操作。③执行指令：向各个部件发出控制操作，完成指令要求。④为下一条指令做好准备。

二、微型计算机的硬件系统

1946 年计算机的先驱冯·诺依曼提出了计算机的若干设计思想，被后人称为冯·诺依曼体制，这是计算机发展史上的一个里程碑。几十年来计算机的体系结构发生了许多演变，但冯·诺依曼体制的核心概念仍沿用至今。我们将冯·诺依曼体制中那些至今仍广泛采用的要点归纳如下：

计算机的硬件由运算器、控制器、主存储器、输入设备、输出设备五大部件经由系统总线和接口连接而成。采用存储程序工作方式，即事先编制程序、事先存储程序、自动连续地执行程序。采用二进制代码表示数据和指令。中央处理器（Central Processing Unit, CPU）是计算机的核心，其工作速度的快慢直接影响到该计算机的运行速度，主要包括运算器和控制器两大部件。

计算机的一般结构如图 1-2 所示。

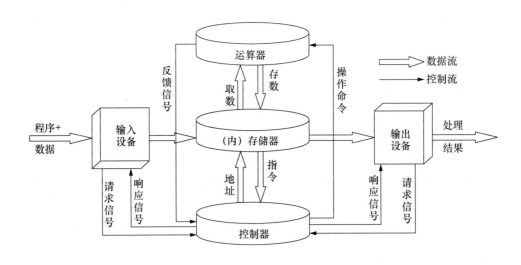

图 1-2　计算机硬件基本结构图

现在计算机的硬件结构采用即插即用的模块化结构，计算机的主要硬件如表 1-3 所示，我们可以像积木一样将这些部件组装成一台计算机。

表 1 - 3　计算机主要硬件部件表

部件	逻辑功能	说明
CPU	运算器和控制器	CPU 安装到主板的 CPU 插座中
内存条	主存储器	内存条安装到主板的内存条插座中
主板	总线和部分接口	有 CPU、内存条插座、PS/2 鼠标/键盘接口、USB 接口、STAT 接口、声卡、网卡插槽、有 LPT 并口、串口 COM1、串口 COM2
键盘	输入设备	连接到主板上的 USB 或 PS/2 键盘接口
鼠标	输入设备	连接到主板上的 USB 或 PS/2 鼠标接口
显示器	输出接口	连接到显卡
硬盘	输入、输出接口	连接到主板上的硬盘接口
光驱	输入设备	连接到主板上的光驱接口
U 盘	输入、输出接口	连接到主板上的 USB 接口
移动硬盘	输入、输出接口	连接到主板上的 USB 接口
打印机	输入、输出接口	连接到主板上的 USB 或 LPT 接口
机箱		

下面对各组成部件进行说明。

（一）中央处理器

中央处理器（Central Processing Unit,CPU）是计算机的核心，其工作速度的快慢直接影响到该计算机的运行速度，中央处理器主要包括运算器和控制器两大部件。

1. 运算器（Arithmetic Unit,AU）。运算器由算术逻辑部件（Arithmetic Logic Unit,ALU）、累加器、状态寄存器和通用寄存器等组成，它的主要功能是对二进制数据进行加、减、乘、除等算术运算和与、或、非等逻辑运算。运算器进行的全部操作都由控制器发出的控制信号来指挥，运算结果也由控制器指挥送到内存储器中。

2. 控制器（Control Unit,CU）。控制器是计算机的指挥调度中心，控制计算机各部分自动协调地工作。它的基本功能就是从内存中取指令和执行指令，即控制器按指令地址从内存中取出该指令进行译码，然后根据该指令功能向有关部件发出控制命令，并执行该指令。另外，控制器在工作过程中，还要接受各部件反馈回来的信息，使计算机各部分自动、连续并协调地工作，成为一个有机的整体，实现程序的输入、数据的输入以及运算并输出结果。它主要包括指令寄存器、指令译码器、程序计数器、操作控制器等。

随着大规模集成电路技术的发展，芯片集成密度越来越高，微机上的中央处理器所有组成部分都集成在一小块半导体上，又称微处理器（MPU）。微处理器的产生可以追溯到 1971 年 Intel 公司推出的 4004 芯片——世界上第一块微处理器，正是它拉开了第四代计算机发展的帷幕。后来 Intel 公司在 4004 的基础上又推出了 8008、8080、8086/8088、80286、80386、80486 等微处理器。由于数字不能注册商标，Intel 在 1993

年推出了 Pentium（奔腾），及其后续产品 Pentium Pro、Pentium Ⅱ、Pentium Ⅲ、Pentium Ⅳ。2006 年 1 月 Intel 为打造其节能、高效的新形象而发布了 Core（酷睿），目前 Core 处理器共分为 Core i7、Core i5、Core i3 三个系列，其中 Core i7（如图 1 - 3 所示）面向高端发烧用户，性能最为强劲，Core i5、Core i3 结构依次精简，价格也进一步降低。

图 1 - 3　Intel 酷睿 i7 930

随着平板电脑及智能手机等便携式设备的迅速普及，移动处理器也成为市场上厂商争夺的焦点。移动处理器的正常工作电压一般比较低，核心较小，发热量比 PC 处理器低得多，可以在更高温度下稳定作业，而且耗能较低。目前 95% 的手机、平板电脑使用的移动处理器都采用 ARM 技术。ARM 是一家负责开发指令集和设计一些公版 CPU 构架的公司，自己并不生产芯片，芯片生产商根据自己的需要向 ARM 公司购买版权，自行修改生产芯片。目前获得 ARM 授权的厂商有苹果、高通、三星电子、德州仪器、英伟达、联发科技等。ARM 处理器主要有下面几个系列：A7、A9、A10、Cortex - A15 等，并由各个厂商衍生出众多产品，如高通 MSM8255、骁龙系列（如图 1 - 4 所示）、苹果 A4、A5、A6、A7、A8、A9 处理器（如图 1 - 5 所示）、联发科 MT6577、MT6589 等。

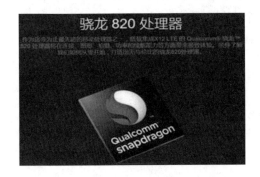

图 1 - 4　高通骁龙 820 处理器

图 1 - 5　苹果 A9 处理器

（二）内存储器

内存储器（又称为主存储器，简称主存或内存）用来存放正在运行的程序和数据，可直接与 CPU 交换信息。内存速度较快，但容量有限。内存储器容量的大小反映了计算机即时存储信息的能力，内存容量越大，系统功能就越强。按照存取方式，主存储器又可分为随机存储器（Random Access Memory，RAM）和只读存储器（Read－Only Memory，ROM）两种。

1. 随机存储器（RAM）。RAM 用来存放用户调入的程序、数据及部分系统信息，具有存取速度快、集成度高、电路简单等优点，其运行时可读可写，但断电后，信息将自动丢失。RAM 又可分为 DRAM（Dynamic RAM）和 SRAM（Static RAM）。DRAM 即动态随机存储器，它使用电容存储，所以必须隔一段时间刷新一次，如果存储单元没有被刷新，存储的信息就会丢失。人们通常说的内存条就指的是 DRAM。根据其技术的发展，主要有 SDRAM、DDR、DDR2、DDR3 等；根据应用范围划分，有台式机内存条和笔记本内存条之分，如图 1－6 和图 1－7 所示。SRAM 即静态随机存储器，它使用晶体管存储数据，不需要刷新电路，速度快、效率高；但集成度低、功耗高、体积大、价格高，少量用于关键性系统以提高效率，一般用作高速缓存（Cache）。

图 1－6　宇瞻 8GB DDR3 1600

图 1－7　三星颗粒 DDR4 2133 8G 2133P SA0

2. 只读存储器（ROM）。ROM 用来存放监控程序、系统引导程序、系统硬件信息等内容，在生产制造 ROM 时，需要将相关的程序指令固化在存储器中，因此其具有以下特点：在正常工作环境下，只能读取其中的指令，而不能修改或写入信息；断电后信息仍会保存在存储器。ROM 从早期的固定掩膜 ROM 发展至后来的 PROM（可编程 ROM）、EPROM（可擦除可编程 ROM）、EEPROM（电可擦除可编程 ROM），以及现在广泛使用的内存 ROM，写入数据的便捷性得到很大提高。

3. 高速缓冲存储器。高速缓冲存储器（Cache）是介于中央处理器和主存储器之间的高速、小容量存储器。在计算机技术发展过程中，主存储器存取速度一直比中央处理器操作速度慢得多，这使中央处理器的高速处理能力不能充分发挥，整个计算机系统的工作效率受到影响。引入 Cache 可以减少，甚至消除 CPU 与内存之间存取速度的差异，它是 CPU 和内存之间的桥梁，一般采用静态随机存储器 SRAM 构成，它的访问速度是 DRAM 的 10 倍左右。

（三）主板

主板（Main Board）又称系统板或母板，是微机的核心连接部件，微机硬件系统的其他部件全部都是直接或间接通过主板相连的。主板上集成了 CPU 插座、内存插槽、控制芯片组、BIOS 芯片、电源插座、软盘接口插座、硬盘接口插座、光盘接口插座、扩展插槽、并行接口、串行接口、USB 接口、多媒体与通信设备接口以及一些连接其他部件的接口等。微型计算机通过主板上的总线及接口将 CPU 等器件与外部设备有机地连接起来，形成一个完整的系统，主板结构如图 1-8 所示。微机在正常运行时各种操作都离不开主板，因此微机的整体运行速度和稳定性在相当程度上取决于主板的性能。

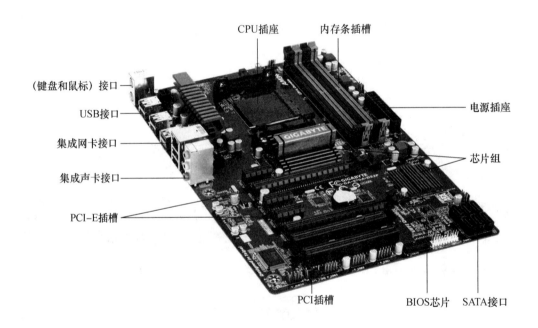

图 1-8　主板结构图

主板芯片组（Chipset）作为主板的灵魂和核心，起着协调和控制数据在 CPU、内存和各部件之间传输的作用，主板所采用芯片的型号决定了主板的主要性能和级别。它像人的大脑分为左脑和右脑一样。根据芯片的功能，芯片分为南桥芯片和北桥芯片。北桥芯片组用于控制高速通道，如用于连接 CPU 和内存，并可连接图形加速口（AGP）等外部设备；南桥芯片用于控制低速通过，如连接硬盘、光驱、USB 接口设备、网络接口、声音接口等。

1. 系统总线。微机各功能部件相互传送数据时，需要有连接它们的通道，这些公共通道就称为总线（Bus）。按系统总线上传输信息类型的不同，可将总线分为数据总线（Data Bus, DB）、地址总线（Address Bus, AB）和控制总线（Control Bus, CB）。

（1）数据总线。用来传输数据信息，它是 CPU 同各部件交换信息的通道。数据总线都是双向的，而具体传送信息的方向则由 CPU 来控制。

（2）地址总线。用来传送地址信息，CPU 通过地址总线把需要访问的内存单元地址或外部设备的地址传送出去。地址总线是单方向的。

（3）控制总线。用来传送控制信号，以协调各部件的操作，它包括 CPU 对内存储器和接口电路的读/写信息、中断响应信号等。

2. 接口。接口是外部设备与计算机连接的端口，也叫 I/O 接口。在微机中，通常将 I/O 接口做成 I/O 接口卡插在主板的 I/O 扩展槽上（如显卡、网卡），也有的直接做在主板上，如键盘接口、鼠标接口、串行接口、并行接口、USB 接口以及 IEEE1394 接口（俗称火线接口）等。ATX 主板的外部接口一般集成在主机的后半部（即主机箱的后面）。外部设备和主机的连接通常是通过连接电缆将外部设备与主板上提供的外部接口连接起来实现的。根据 PC99 技术规格规范，要求主板各接口必须采用有色标志，以方便用户识别。

（四）输入/输出设备

中央处理器（CPU）和主存储器（RAM）构成微型计算机的主体，简称主机。主机以外的大部分硬件设备称为外部设备，简称外设，外设通过接口以及连接电缆与主机相连。外设通常包括输入/输出设备和外部存储设备。

输入设备是将外部信息（如文字、数字、声音、图像、程序等）转变为数据输入到计算机中，以便加工和处理。输入设备是人与计算机系统之间进行信息交换的主要设备。常见的输入设备有键盘、鼠标、扫描仪、触摸屏、手写输入板、游戏杆、话筒、数码相机等。

输出设备是人与计算机交互的一种部件，用于数据的输出。它把各种计算结果数据或信息或数字、字符、图像、声音等形式表示出来。常见的有显示器、打印机、绘图仪、影像输出系统、语音输出系统等。

1. 键盘。键盘（Keyboard）广泛应用于微型计算机和各种终端设备上，计算机操作者通过键盘向计算机输入各种指令、数据，指挥计算机的工作。它是组装在一起的一组按键矩阵，当按下一个键时就产生与该键对应的二进制代码，并通过接口送入计算机。最初的键盘有 101 个按键，Windows 键盘是 104 键。键盘键位一般分为五个区，即主键盘区、功能键区、数字键区、控制键区和状态指示区。

2. 鼠标。鼠标（Mouse）是一种点击式输入设备，最早用于苹果公司的微机中，随着 Windows 操作系统的流行，鼠标成为不可缺少的工具。其作用可替代移动键进行光标定位操作和替代回车键操作；在各种软件支持下，通过鼠标上的按钮完成某种特定功能。鼠标按工作原理分为机械式和光电式两种。机械式鼠标是利用鼠标内的圆球滚动来触发传送轨控制鼠标指针的移动；光电式鼠标则是利用光的反射来启动鼠标内部的红外线发送和接收装置。光电式鼠标要比机械式鼠标定位精度高。鼠标按其按键的多少分为两键鼠标和三键鼠标，如图 1-9 所示。

3. 触摸屏。触摸屏（Touch Screen）也是一种点击式输入设备。它是目前最简单、方便、自然的一种人机交互方式，它将输入和输出集中到一个设备上，简化了交互过程。与传统的键盘和鼠标输入方式相比，触摸屏输入更直观。它一般安装在显示器屏幕前面，当手指或其他物体触摸安装在显示器前端的触摸屏时，所触摸的位置由触摸屏控制器检测，并通过接口传送至主机。

触摸屏的用途非常广泛，常见的有取款机、触控电脑、智能手机等。根据触摸屏所用的介质以及工作原理，可分为电阻式、电容式、红外线式和表面声波式。电阻屏通过压力感应原理来实现对屏幕内容的操作和控制，输入方式必须使用硬物点压屏幕。电容屏通过静电感应来操作，响应速度快，操作流畅，并支持多点触控，是目前手机、平板电脑等移动设备的主流输入方式，如图 1-10 所示。

图 1-9　鼠标

图 1-10　触摸屏

4. 显示器。显示器（Display）又称为监视器（Monitor），是用于显示计算机生成的文字、图形、图像、动画等的输出设备。目前微机上使用的主要是液晶显示器（Liquid Crystal Display,LCD）和阴极射线管显示器（Cathode Ray Tube,CRT）。

CRT 显示器是利用人眼的视觉暂留特性，通过电子枪以每秒几十次的频率，发射电子束照射涂有三种荧光粉的屏幕表面，产生红、绿、蓝三种颜色，其他颜色也可通过三原色的不同强弱搭配而产生。由于 CRT 显示器笨重、耗电，正逐渐被轻巧、省电的 LCD 显示器取代。

LCD 显示器使用一种既不是固态，也不是液态的液晶材料用于显示。液晶显示器由固定数量的液晶单元组成，一个液晶单元形成一个像数点，因此液晶显示器的分辨率是固定的。每个液晶单元由红、绿、蓝三种颜色光的 TFT 元件、相应的滤光器和液晶组成，通过调节电压来控制三种颜色通过液晶的强度，得到不同的彩色光点。如

图 1 - 11 所示。

LED（Light - Emitting Diode，发光二极管）显示屏是一种通过控制半导体发光二极管来显示文字、图形、图像、动画、视频等各种信息的显示屏幕。主要用于广场、商业广告、体育场馆、新闻发布、证券交易等大型屏幕信息显示，如图 1 - 12 所示。目前在市场上所谓的 LED 显示器主要是指采用了 LED 背光技术的 LCD 显示器，相比传统的 LCD 显示器，LED 背光显示器厚度更小，并且更加节能、环保。

图 1 - 11　LCD 显示器　　　　　　　　　图 1 - 12　LED 显示屏

显示器按照屏幕的对角线尺寸可分为 14 英寸、15 英寸、17 英寸等规格。显示器上的字符和图形是由一个个光点组成，这些光点被称为像素（Pixel）。水平方向和垂直方向总的像素点数称为分辨率（Resolution），用整个屏幕上光栅的列数与行数的乘积来表示。这个乘积越大，分辨率就越高，图像就越清晰。常用的分辨率有 1024 × 768、1366 × 768、1280 × 720 等。显示器的技术规格还有点距、亮度、对比度、响应时间和视角等。

5. 打印机。打印机（Printer）是计算机的重要输出设备之一，用于将计算机处理结果打印在相关介质上。常见的打印机有针式打印机、喷墨打印机和激光打印机。

针式打印机是在打印头上由金属针状的点组成字符的打印机，其打印质量决定于字符点阵中针的数量，主要有 9 针、18 针和 24 针。其打印成本很低，但打印质量也很差，再加上很大的工作噪声，目前只用于银行、超市等打印票据。

喷墨打印机是把墨水直接喷到纸上形成字符或图形的非击打式打印机。其优点有体积小、操作简单、噪声小、打印效果较好等。

激光打印机是使用激光束和静电影印技术生成字符或图像的电子成像设备，如图 1 - 13 所示。较其他打印设备，激光打印机有打印速度快、成像质量高等优点；但使用成本相对较高。

目前正在普及一种新的技术：3D 打印。3D 打印机，即快速成形技术的一种机器，如图 1 - 14 所示。它是一种以数字模型文件为基础，运用粉末状金属或塑料等黏合材料，通过逐层打印的方式来构造物体的技术。过去它常在模具制造、工业设计等领域用于制造模型，现正逐渐用于一些产品的直接制造。

图1-13　激光打印机　　　　　　　　图1-14　3D打印机

6. 外存储器。外存储器（又称为辅助存储器，简称外存或辅存），它是内存的扩充。外存存储器容量大，是内存容量的数十倍或数百倍，价格低，但存储速度较慢，一般用来存放大量暂时不用的程序、数据和中间结果，需要时，可成批地和内存储器进行信息交换。外存只能与内存交换信息，不能被计算机系统的其他部件直接访问。外存储器容量越大，可存储的信息就越多，可安装的应用软件就越丰富。常用的外存有磁盘、光盘、优盘等。其中磁盘可分为软盘和硬盘。软盘的存储容量很小，目前已经被 USB 闪存和移动硬盘所代替。

三、微型计算机软件系统

软件是支持计算机运行的各种程序，以及开发、使用和维护这些程序的各种技术资料的总称。没有软件的计算机硬件系统称为"裸机"，不能做任何工作。只有在配备了完善的软件系统之后才具有实际的使用价值。因此，软件是计算机与用户之间的一座桥梁，是计算机不可缺少的部分。随着计算机硬件技术的发展，计算机软件也在不断完善。软件系统一般分为系统软件和应用软件。

（一）系统软件

系统软件是计算机系统的基本软件，主要负责管理、控制、维护、开发计算机的软硬件资源，提供给用户一个便利的操作界面和编制应用软件的环境，是使用计算机必不可少的软件。系统软件主要包括操作系统、程序设计语言、数据库管理系统、系统支持和服务程序等。

1. 操作系统。操作系统（Operating System，OS）负责对计算机的全部软硬件资源进行分配、控制、调度和回收，合理地组织计算机的工作流程，并使计算机系统能够协调一致，高效率地完成处理任务。操作系统是计算机的最基本的系统软件，对计算机的所有操作都要在操作系统的支持下才能进行。因此，操作系统是所有软件的基础和核心。操作系统位于整个软件的核心位置，其他系统软件处于操作系统的外层，应用软件则处于计算机软件的最外层，用户解决具体问题基本上都通过应用软件，如图1-15所示。

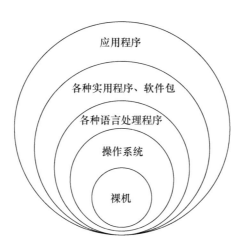

应用程序

各种实用程序、软件包

各种语言处理程序

操作系统

裸机

图 1 – 15　计算机系统层级

从操作系统管理资源的角度看，操作系统有作业管理、文件管理、处理器管理、存储管理和设备管理等五大功能。

（1）作业管理。作业就是交给计算机运行的用户程序。它是一个独立的计算任务或事务处理。作业管理就是对作业进入、作业后备、作业执行和作业完成四个阶段进行宏观控制，并为其每一个阶段提供必要的服务。

（2）文件管理。文件管理就是要为用户提供一种简单、方便、统一的存储和管理信息的方法。用文件的概念组织、管理系统及用户的各种信息集，用户只需要给出文件名，使用文件系统提供的有关操作命令就可调用和管理文件。

（3）处理器管理。它主要是解决处理器的使用和分配问题。提高处理器的利用率，采用多通道程序技术，使处理器的资源得到最充分的利用。

（4）存储管理。由操作系统统一管理存储器，采取合理的分配策略，提高存储器的利用率。存储管理是特指对主存储器进行的管理，实际上是管理供用户使用的那部分空间。

（5）设备管理。为了有效地利用设备资源，同时为用户程序使用设备提供最大的方便，操作系统对系统中所有的设备进行统一调度、统一管理。它的任务是接受用户的输入/输出请求，根据实际需要，分配相应的物理设备，执行请求的输入/输出设备。

根据不同的用途、设计目标、主要功能和使用环境，操作系统可分为以下几类：

（1）批处理操作系统。它能够成批接受作业和处理作业，提高系统的处理能力，节省时间，减少经费支出。

（2）分时操作系统。它是多个终端用户共享一个 CPU，每个用户在自己的终端上控制其作业的运行，而 CPU 则按固定时间片轮流地为各个终端服务。

（3）实时操作系统。它能够及时响应外部条件的请求，并在规定的时间内完成对事件的处理，多用于自动控制系统中。

（4）分布式操作系统。它是指系统中各个节点的计算机能够相互协作，共同完成一个任务。

（5）网络操作系统。它是指在计算机网络系统中，管理一台或多台主机的硬件、软件资源，支持网络通信、提供网络服务的操作系统。

（6）嵌入式操作系统。它通常是将软件固化在存储芯片中，并和微处理器一起嵌入设备中，使设备能够实现一定的自动化操作。

（7）多媒体操作系统。它能够处理的信息不仅有文字，而且还有图形、声音、图像、视频等多媒体信息，并对这些多媒体进行有效管理。

2. 程序设计语言。编写程序是利用计算机解决问题的重要方法和手段，用于编写程序的计算机语言包括机器语言、汇编语言和高级程序设计语言。

（1）机器语言。机器语言（Machine Language）是以二进制代码表示的指令集合，是计算机中的 CPU 唯一能直接识别、直接执行的计算机语言。机器语言的优点是占用内存少，执行速度快。但机器语言是面向机器的语言，一种机器语言只适用于一种特定类型的计算机。所以用机器语言编制的程序只能在同类型计算机上使用，局限性很大。而且其指令代码的含义不直观，不易阅读和记忆；编写费时费力、容易出错、难以修改。

（2）汇编语言。汇编语言（Assemble Language）是第二代程序设计语言。它的特点是用助记符来表示机器指令，用符号地址来表示指令中的操作数和操作地址。与机器语言相比，它较为直观、容易理解和记忆，但通用性不强。用汇编语言编写的程序称为汇编语言源程序，由于计算机只能执行用机器语言编写的程序，因此，必须用汇编程序将汇编语言编制的源程序（Source Program）翻译成能直接执行的机器语言表示的目标程序（Object Program），这一翻译过程称作汇编。汇编语言和机器语言都是面向机器的程序设计语言，不同的机器具有不同的指令系统，一般将它们称为"低级语言"。

（3）高级程序设计语言。高级程序设计语言（Advanced Language）简称高级语言，又称算法语言，是 20 世纪 50 年代末出现的第三代程序设计语言。高级语言与具体的计算机指令系统无关，其表达方式更接近人们对求解过程或问题的描述方式。使用高级语言编写的程序称为"源程序"，每一条语句不是完成单一的操作，而是完成一组机器指令的操作。

用高级语言编写的源程序，必须翻译成机器指令才能在计算机上运行。计算机将源程序翻译为机器指令时，采用解释方式或编译方式。

解释方式就是将源程序输入计算机后，用该种语言的解释程序将其逐条解释、逐条执行，执行完后只得到结果，而不保存解释后的机器代码，下次运行改程序时还要重新解释执行，解释过程如图 1 - 16 所示。

图 1-16 解释过程

编译方式是把源程序用相应的编译程序翻译成对应的机器语言的目标程序，通过连接装配程序连接成可执行程序，再运行可执行程序而得到结果。在编译之后形成的程序称为"目标程序"，连接之后形成的程序称为"可执行程序"，目标程序和可执行程序都是以二进制文件方式存放在磁盘上的。当再次运行该程序时，只需直接运行可执行程序，不必重新编译和连接，如图 1-17 所示。

图 1-17 编译过程

3. 数据库管理系统。对有关的数据进行分类、合并建立各种各样的表格，并将数据和表格按一定的形式和规律组织起来，实行集中管理，就是建立数据库（Data Base）。对数据库中的数据进行组织和管理的软件称为数据库管理系统（Data Base Management System，DBMS）。DBMS 能够有效地对数据库中的数据进行维护和管理，并能保证数据的安全、实现数据的共享。较为著名的 DBMS 有 FoxBASE + 、FoxPro、Visual FoxPro 和 Microsoft Access 等。另外，还有大型数据库管理系统 Oracle、DB2、SYBASE 和 SQL Server 等。

4. 系统支持和服务程序。为保证计算机的正常运转，系统配有一系列的维护程序，常用的有设备驱动程序、设备诊断程序、软件维护程序等。

（1）设备驱动程序。用于安装标准和非标准设备，如鼠标、扫描仪、打印机等设备的驱动程序。

（2）设备诊断程序。专门检测硬件设备的故障，包括标准设备和非标准的外接设备。如果设备连接错误或者设备故障，诊断程序都会提示有关的信息。

（3）软件维护程序。解决软件系统发生故障的恢复问题，包括回复已删除的程序、磁盘修复程序等。

（二）应用软件

应用软件是使用者为解决实际问题而编制或购买的软件，其种类繁多。主要有办公软件（Microsoft Office、WPS Office）、辅助设计软件（AutoCAD）、辅助教学软件、信息管理软件、图像处理软件（Photoshop、ACDSee、CorelDraw、美图秀秀）、文件压缩软件（WinRAR）、杀病毒软件（360 系列、金山系列），等等。人们在使用计算机的过程中，大量的实际工作都利用各种各样的应用软件来完成。

四、计算机的主要性能指标

计算机是由多个组成部分构成的一个复杂系统，涉及技术指标范围广，评价计算机的性能要结合多种因素进行综合分析。并且各项指标之间也不是彼此孤立的，在实际应用时，应该把它们综合起来考虑，而且还要遵循"性能价格比"的原则。对于大部分普通用户来说，可以从以下几方面来衡量计算机的性能：

（一）字长

字长是指 CPU 在同一时间中能够处理二进制数的位数。它直接关系到计算机的计算速度和精度，字长越长，计算精度越高，处理能力越强。早期微机字长有 8 位、16 位，目前微机字长主要是 32 位、64 位。

（二）速度

不同配置的计算机执行相同任务所用时间一般不同，这和微机的运算速度有关，运算速度是衡量计算机性能的一项重要指标。微机运算速度可以用主频及 MIPS 来评价。

主频也称时钟频率，表示 CPU 内数字脉冲信号震荡的速度，与 CPU 实际的运算能力存在一定关系，但由于决定计算机速度的要素较多，可能会出现高频低能的情况。不过对于同一台计算机来说，提升主频频率能提高该计算机的运算速度。主频的单位一般为 GHz。

MIPS（Million Instruction Per Second）是指每秒所能执行指令的数量，这个指标比主频能更客观、合理地反映微机的运算速度。

微机的运算速度是一个综合指标，除了与 CPU 的其他指标有关（如字长、Cache、指令集、内核数量等），还需要考虑存储器的存取时间、系统总线频率等。

（三）内存容量

内存容量是指内存储器中能够存储信息的总字节数，目前一般以 GB 为单位。内存储器是 CPU 可以直接访问的存储器，计算机需要执行的程序与需要处理的数据都存放在主存中。内存容量的大小反映了计算机即时存储信息的能力。内存容量越大，能处理的数据量就越庞大，系统功能也就越强大。

（四）外存储器的容量

外存储器的容量通常指硬盘容量。外存储器容量越大，可存储的信息越多，可安装的应用软件就越丰富。

（五）外部设备的配置及扩展性

外部设备的扩展性指计算机系统配接各种外部设备的可能性、灵活性和适应性，主要指微机主板所支持的总线类型、所提供的接口和插槽的类型和数目等。

任务四　计算机技术与社会发展

知识与能力目标

1. 了解信息时代的特征。
2. 掌握计算机技术与社会发展的关系。
3. 理解信息时代必备的技能。

进入 21 世纪以来，人类社会进入了第三次技术革命时期，伴随着计算机技术的推广，它的应用领域也不断扩散开来，从最初的军事方面扩展到目前的生产生活，人类已经由高度的工业化社会进入了信息时代，传统的经营与生活方式发生了全面变革。随着计算机的迅速发展，社会各行各业信息化进程不断加速，计算机应用技术深入各个领域，无时无刻不在影响着人们的生活、工作和学习方式。

一、当今信息时代的特征

随着科学技术的发展和进步，当今时代变成了信息技术的时代，人们的生活和工作离不开信息技术的支持，信息时代下"地球变平了、地球变小了、地球变热了、地球变体了"。从总体来说，当今信息时代的特征大致可以分成以下三个大的方面：

1. 全球化日益加深，世界已经成为地球村。
2. 信息化日益加快，传统思维模式被颠覆。
3. 信息经济时代已然来临。

在这种环境下，信息技术的发展对人们学习知识、掌握知识、运用知识提出了新的挑战。阿尔文·托夫勒说：未来的文盲不是不识字的人，而是那些没有学会怎样学习的人。由于计算机技术和网络技术的应用，人们的学习态度在不断加快，也就是说从数字处理时代到微型计算机时代，再到现在的网络时代，学习速度越来越快，这就要求人们的思维模式也要适应新的特点和新的模式。

同时，信息时代人才要求趋向科技、文学、经贸和外语才干一身的新型复合型人才，不仅要一专一能，还要多专多能。新型人才要善于协调人际关系，胸怀博大，善于拼搏，要有创新意识和创造激情，还要有不畏权威的怀疑精神和追根到底的探索精神，具有知识创新和技术革新的能力，在自己的专业领域有新的发现和新的开拓。

二、计算机技术对社会发展的影响

计算机技术改变了人们单一的生活方式，它不仅能够简化工作流程，提高工作效率，实现资源的共享和传播，还具有娱乐功能和互动性，给人类社会带来了巨大的变革。具体而言，计算机技术的影响如下：

1. 推动了生产力的发展。生产力是社会发展的首要动力，自从工业革命开始，人类经历了三次技术革命，而计算机技术的崛起被誉为"第三次变革"，这一阶段也是最具跨时代意义的时期，解决了前两次革命遗留下的问题，并实现了人类社会的全面变革，提高了生产力水平。现如今，计算机已经普及至千家万户，它在国民经济增长中的作用无法取代，对生产力的带动显而易见。将计算机技术与劳动生产结合起来，能够转变过去的纯体力劳动模式，优化社会结构，实现各种生产要素的整合，帮助人们掌握大量的信息和资讯，提高人们的生产能力。

2. 带动了社会生活的发展。计算机不仅对社会产生了巨大的影响，还给我们的生活带来了变化，随着算计机技术的应用和推广，它延伸到生活、学习、工作等各个领域，银行、医院、学校等区域也都开始利用计算机技术，它已经成为我们生活的一部分。当然，计算机对人类生活的改变不仅限于此，它还能够发挥自己特有的功效，开发硬件和软件系统，学生利用它可以进行网络学习，打破空间和时间限制；办公人员运用计算机能够实现信息的交互与共享，处理图片、稿件，快速生成报告，最大可能地缩短人与人之间的距离，提高服务水平。

3. 改变了生产方式与工作方式。传统的生产与工作方式较为落后，计算机的出现改变了人们的劳动方法，一系列辅助技术能够代替人工重复劳动，节省更多的体力，并最大限度地提升人们的素质。过去人们的工作较为繁重，从事的都是危险的活动，计算机的出现彻底减少了人们高强度的工作，简化了人们的工作流程。

4. 改变了人们的生活方式。现在是网络时代，如今 Internet 快速发展与普及，计算机技术与人们的生活息息相关，现在人们可以在网络上完成办公、休闲、娱乐、购物、玩游戏等一系列活动。在课堂上教师可以利用多媒体技术进行授课，改变了以前的授课模式，为现代教学手段的应用提供了可能，提高了课堂教学水平。计算机技术的应用对人们有很深远的影响，网络已经是人们生活的一部分，一种办公和学习的手段。在这种时代，"终身学习""学习型社会"的理念深入人心，学习、生活、工作在互联网快速发展的影响下融为一体，"学习化生活"方式是信息时代人类生存方式与学习方式融合的生动体现。

5. 使用计算机技术可能带来的负面影响。计算机技术的应用在为人类社会带来发展的同时，也存在一些负面影响。比如它淡化了人与人之间的关系，影响了人们的身心健康，诱导了一些不法分子利用计算机的安全漏洞进行犯罪活动等。

三、信息时代必备的技能

在这个信息时代，计算机的应用已渗透到各个领域，同时也正在影响着人们生活的方方面面。所以，学习计算机知识就成了一件非常必要的事情。不论从事何种类型的职业，几乎都需要与计算机打交道，都需要了解计算机的基础知识。21 世纪的能力、素质应包括以下五个方面：

1. 基本学习技能。

2. 信息素养。

3. 创新思维能力。

4. 人际交往与合作精神。

5. 实践能力。

所以，掌握基本的计算机应用技能，具有信息的收集、检索能力，信息的积累、存储能力，信息的评价能力，是信息时代每个大学生都应做到的。

习　题

一、选择题

1. 第一台电子计算机是 1946 年在美国研制的，该机的英文缩写名是（　　）。

A. EDVAC　　　　　　B. ENIAC　　　　　C. DESAC　　　　　D. MARK－II

2. 电子计算机的发展已经历了四代，四代计算机的主要元器件分别是（　　）。

A. 电子管，晶体管，中、小规模集成电路，激光器件

B. 电子管，晶体管，中、小规模集成电路，大规模、超大规模集成电路

C. 晶体管，电子管，中、小规模集成电路，激光器件

D. 电子管，数码管，中、小规模集成电路，激光器件

3. 冯·诺依曼计算机由五大部分组成，运算器是其中之一。它完成的功能包括（　　）。

A. 完成算术运算　　　　　　　　B. 完成逻辑运算

C. 完成算术运算和逻辑运算　　　D. 完成初等函数运算

4. 控制器的功能是（　　）。

A. 指挥、协调计算机各部件工作　　B. 进行算术和逻辑运算

C. 存储程序和数据　　　　　　　　D. 控制数据的输入和输出

5. 下列描述中，错误的是（　　）。

A. 多媒体技术具有集成性和交互性等特点

B. 通常计算机的存储容量越大，性能越好

C. 计算机的字长一定是字节的整数倍

D. 各种高级语言的编译程序属于应用软件

6. 通常将微型计算机的运算器、控制器以及内存储器称为（　　）。

A. CPU　　　　　　B. 微处理器　　　　C. 主机　　　　　D. 微机系统

7. 将内存中的数据传送到计算机硬盘的过程，称为（　　）。

A. 显示　　　　　　B. 读盘　　　　　　C. 输入　　　　　D. 写盘

8. 在计算机中，既可作为输入设备又可作为输出设备的是（　　）。

A. 显示器　　　　　B. 磁盘驱动器　　C. 扫描仪　　　　D. 键盘

9. 显示器的（　　）越高，显示的图像越清晰。

A. 对比度　　　　　B. 亮度　　　　　C. 对比度和亮度　D. 分辨率

10. 一个完整的计算机体系包括（　　）。

A. 主机、键盘和显示器　　　　　B. 计算机与外部设备

C. 硬件系统和软件系统　　　　　D. 系统软件与应用软件

11. 主存储器有 ROM 和 RAM，计算机突然停电后，存储信息就会丢失的是（　　）。

A. 外存储器　　　B. 只读存储器　　C. 寄存器　　　　D. 随机存取存储器

12. 在计算机中，英文单词 Bus 是指（　　）。

A. 公共汽车　　　B. 总线　　　　　C. 终端　　　　　D. 服务器

13. 32 位微型计算机中的"32"指的是（　　）。

A. 微机型号　　　B. 内存容量　　　C. 运算速度　　　D. 机器字长

14. 在 ASCII 码表中，ASCII 码值从小到大的排列顺序是（　　）。

A. 小写英文字母、大写英文字母、数字

B. 大写英文字母、小写英文字母、数字

C. 数字、大写英文字母、小写英文字母

D. 数字、小写英文字母、大写英文字母

15. 计算机可以直接执行的语句是（　　）。

A. 自然语言　　　B. 汇编语言　　　C. 机器语言　　　D. 高级语言

16. 操作系统是（　　）的接口。

A. 主机与外设　　　　　　　　　B. 用户与计算机

C. 系统软件与应用软件　　　　　D. 高级语言与低级语言

17. 在计算机中，所有信息的存放与处理采用（　　）。

A. ASCII 码　　　B. 二进制　　　　C. 十六进制　　　D. 十进制

18. 在汉字国标码字符集中，汉字和图形符号的总个数为（　　）。

A. 3755　　　　　B. 3008　　　　　C. 7445　　　　　D. 6763

19. 将十进制 215.6531 转换成二进制数是（　　）。

A. 1110010.000111　　　　　　　B. 11101101.1111

C. 11010111.101001　　　　　　D. 11100001.111101

20. 二进制整数 01101101 转换为十进制数是（　　）。

A. 95　　　　　　B. 109　　　　　　C. 70　　　　　　D. 81

21. 二进制数 11110101 转换成十六进制数为（　　）。

A. 75　　　　　　B. D5　　　　　　C. E5　　　　　　D. F5

22. 十进制数 269 转换为十六进制数是（　　　）。

A. 10E　　　　　　　B. 10D　　　　　　　C. 10C　　　　　　　D. 10B

23. 十六进制数 C3 转换为十进制数是（　　　）。

A. 95　　　　　　　B. 114　　　　　　　C. 195　　　　　　　D. 77

24. 多媒体计算机中所说的媒体是指（　　　）。

A. 存储信息的载体　　　　　　　　B. 信息的表达形式

C. 信息的编码方式　　　　　　　　D. 信息的传输介质

25. 图像数据压缩的目的是（　　　）。

A. 符合 ISO 标准　　　　　　　　B. 符合各国的电视制式

C. 减少数据存储量，利于传输　　　D. 图像编辑的方便

二、实训题

1. 练习键盘。

2. 在老师的引导下，通过网络查询计算机的相关图片，了解计算机的应用。

3. 通过实物，了解计算机的组成。

模块二

Windows 7 操作系统

Windows 7 是由微软公司在 2009 年 10 月推出的个人计算机操作系统，其设计目的在于使操作系统的使用更加人性化，性能更加强劲，安全性更高，而且它可以运行在目前的所有主流 PC 上。在这之前，微软公司的 Window XP 占据了大部分个人计算机操作系统的市场，而继 Windows 7 之后，新一代操作系统 Windows 10 崭露头角。

任务一 Windows 7 操作系统概述

知识与能力目标

1. 了解操作系统的相关概念。
2. 掌握 Windows 7 操作系统的工作环境。
3. 掌握 Windows 7 操作系统的文件和磁盘管理。

一、Windows 7 的简介

（一）Windows 7 的版本

Windows 7 可供家庭及商业环境的笔记本电脑、平板电脑使用。微软 2009 年 10 月 22 日于美国、2009 年 10 月 23 日于中国正式发布 Windows 7，2011 年 2 月 22 日发布 Windows 7 SP1。目前 Windows 7 共发布了 6 个版本，分别是 Windows 7 Starter（简易版）、Windows 7 Home Basic（家庭普通版）、Windows 7 Home Premium（家庭高级版）、Windows 7 Professional（专业版）、Windows 7 Enterprise（企业版）、Windows 7 Ultimate（旗舰版）。

（二）Windows 7 的突出优势

Windows7 和以前的操作系统相比，在主要功能方面都有了较大的改进，使得这款操作系统在实用性和易用性上都有了显著提高。Windows 7 的优点主要表现在以下几个方面：

1. 更快的系统运行速度。微软在开发 Windows 7 的过程中，始终将性能放在首要的位置。Windows 7 不仅在系统启动时间上进行了大幅度的改进，并且对休眠状态唤醒系统这样的细节也进行了改善，使 Windows 7 成为一款反应更快速、感觉更清爽的操作系统。

2. 革命性的工具栏设计。Windows 7 对工具栏进行了革命性的改进，即对 Windows 95 时代就开始存在的工具栏予以彻底颠覆。同一程序的不同窗口将自动分组，当鼠标指向任务栏上的程序图标时，会显示这些窗口的缩略图，单击便会打开该窗口。在任何一个程序图标上右击，会出现一个显示相关选项的选单，成为 Jump List。在这个选单中，除了更多的操作选项之外，还增加了一些强化功能，可让用户更轻松地实现精确导航并找到搜索目标。

3. 更个性化的桌面。在 Windows 7 中，用户能对自己的桌面进行更多的操作和个性化设置。首先，Windows 中原有的侧边栏被取消，而原来依附在侧边栏中的各种桌面小工具现在可以自由地放置到桌面的任意位置，不仅释放了更多的桌面空间，视觉效果也更加直观和个性化。此外，Windows 7 在桌面主题方面为用户提供了更加丰富的选择，内置的桌面主题包包含了整体风格统一的桌面壁纸、面板色调和声音方案，并且可以在桌面上连续播放多个桌面壁纸。同时，如果用户有自己喜欢的个性主题包，还可以将其保存为自定义的桌面主题包，不必再重新选择。

4. 更强大的多媒体功能。Windows 7 具有远程媒体流控制功能，能够帮助用户解决多媒体文件共享的问题。它支持家庭以外的 Windows 7 个人电脑安全地从远程互联网访问家里 Windows 7 系统中的数字媒体中心，随时欣赏保存在家里电脑中的任何数字娱乐内容。有了这样的创新功能，用户就可以随时随地享受自己的多媒体文件。

而 Windows 7 中强大的综合娱乐平台和媒体库 Windows Media Center 不但可以让用户轻松管理电脑硬盘上的音乐、图片和视频，更是一款可定制的个人电视。只要将电脑与网络连接或是插上一块电视卡，就可以随时随地享受 Windows Media Center 上丰富多彩的互联网视频内容或者高清的地面数字电视节目。同时也可以将 Windows Media Center 计算机与电视连接，给电视屏幕观众带来全新的使用体验。

5. 简化局域网共享。Windows 7 提供了图书馆（Libraries）和家庭组（Homegroups）两大网络新功能。使用图书馆可以对相似的文件进行分组，从而方便用户组织和管理音频、视频等文件。而使用家庭组则可以很方便地将这些图书馆在各个家庭组用户之间共享。

6. 触摸操控新体验。如果配备了触摸屏，用户就可以通过指尖来操控计算机。这一功能为用户带来了全新的体验，以前在科幻片当中才能看到的操控计算机的方式现在可以成为现实。通过触摸可以实现拖动、下拉和选择项目等动作，在浏览网页时，也可以通过触摸来完成许多动作。

7. 全面革新的用户安全机制。用户账户控制这个概念由 Windows Vista 首先引入。虽然它能够提供更高级别的安全保障，但是频繁弹出的提供窗口让一些用户感到不便。在 Windows 7 中，微软公司对这项安全功能进行了革新，不仅大幅度降低提示窗口出现的频率，用户在设置方面还拥有了更大的自由度。而 Windows 7 自带的 IE 8 浏览器也在安全性方面较之前版本提升不少，诸如 SmartScreen Filter、InPrivate Browsing 和域名高亮等新功能让用户在互联网上能够更有效地保障自己的安全。

8. 超强的硬件兼容性。Windows 7 支持的硬件更多、更全面，从而确保用户可以顺利地升级到新的操作系统。

二、Windows 7 的启动和退出

（一）系统的启动和登录

1. 按次序打开电脑电源插座、显示器和计算机主机的电源。

2. 显示器上出现计算机硬件测试画面，测试无误后即进入 Windows 7 启动状态。

3. 经过机器的自检过程，计算机自动进入如图 2 - 1 所示的 Windows 7 登录界面中。这里会有两种情况：一是选择用户账户登陆，二是没有创建过用户账户，即可登录 Windows 7，进入如图 2 - 2 所示的非常清晰的桌面。在第一种状况下，单击某个账户号，输入密码（没有设置密码则省略）。

图 2 - 1　Windows 7 系统登录界面　　　　图 2 - 2　Windows 7 桌面

（二）系统的注销和退出

单机"开始"菜单的"关机"是最常规的关机操作。用户选择"关机"命令后，系统通知程序保存数据，然后关闭所有会话，退出 Windows 7 系统，最后发送信号切断计算机电源，这些工作由系统自动完成。长按电源键，将强行切断电源，这也是一种关机方式，只在系统崩溃且其他方式无法解决的情况下才使用。

计算机的关闭还有很多种方式，单机"开始"菜单中的"关机"旁边的小三角按钮，出现如图 2-3 所示的关机选项菜单。

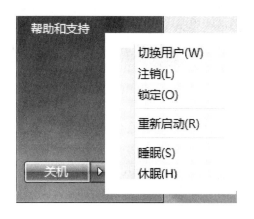

图 2-3　关机菜单

三、认识 Windows 7 桌面

Windows 7 的桌面是整个操作系统的入口，它和人们日常生活中的书桌有类似的功能。书桌上一般放置常用的工具，并且要保持有序和干净。Windows 7 桌面也应这样管理，在桌面上只放置和当前工作最有关的应用程序或文档，并时常保持桌面的简洁。Windows 7 的桌面内容包括桌面背景、桌面图标、"开始"按钮、小工具和任务栏，如图 2-4 所示。

（一）桌面背景

桌面背景既可以是个人收集的数字图片、Windows 7 提供的图片、纯色或带有颜色框架的图片，也可以显示幻灯片图片。

Windows 7 操作系统自带了很多漂亮的背景图片，用户可以从中选择自己喜欢的图片作为桌面背景。除此之外，用户还可以把自己收藏的精美图片设置为桌面背景，操作步骤如下：

1. 右击桌面空白区域，在弹出的快捷菜单中选择"个性化"命令。

图 2－4 Windows 7 操作系统的桌面

2. 在打开的"个性化"窗口下方，单击"桌面背景"超链接，如图 2－5 所示。

3. 在"图片位置"下拉列表框中指定桌面背景图片的位置。如果图片放置在下拉列表框之外的文件夹中，可单击右侧的"浏览"按钮，在弹出的对话框中指定文件夹的位置，单击"确定"按钮，如图 2－6 所示。

图 2－5 设置"桌面背景"超链接

图 2－6 指定背景图片的位置

4. 勾选准备设为背景图片的复选框，如图 2－7 所示。

5. 选择图片自动切换的时间间隔，单击"保存修改"按钮，就可以让系统按指定的时间间隔自动切换刚才设置的图片，如图 2－8 所示。

图 2 - 7　勾选背景图片复选框

图 2 - 8　指定图片自动切换的时间间隔

（二）桌面图标

Windows 7 操作系统中，所有的文件、文件夹和应用程序等都由相应的图标表示。桌面图标一般是由文字和图片组成的，文字说明图标的名称或功能，图片是它的标识符。桌面图标包括系统图标和快捷方式图标两种。快捷方式图标又包括文件或文件夹快捷方式图标以及应用程序快捷方式图标。

可以将常用的文件或快捷方式添加到桌面上，从而方便对其访问，有如下几种操作方法：

1. 打开文件夹，右击要移动的文件，在弹出的快捷菜单中选择"剪切"命令。右击桌面上的空白处，在弹出的快捷菜单中选择"粘贴"命令，立刻添加文件到桌面。

2. 打开文件夹，在需要移动的文件图标上按住鼠标左键，将其移动到桌面并松开鼠标（拖拽），可以快速复制该文件到桌面。

3. 右击需要在桌面创建快捷方式的文件，在弹出的快捷菜单中选择"发送到"→"桌面快捷方式"命令，如图 2 - 9 所示。这时，文件的快捷方式就出现在桌面上。与文件图标不同的是，快捷方式图标的左下角会有一个箭头标识，如图 2 - 10 所示。

图 2 - 9　创建文件的快捷方式　　　　　图 2 - 10　文件与文件快捷方式

（三）"开始"按钮

"开始"菜单如同餐厅中的菜单一样，可以方便用户访问程序、文件夹及搜索文件。

单击桌面左下角的"开始"按钮，即可弹出"开始"菜单。它主要由"固定程序"列表、"常用程序"列表、"所有程序"列表、"启动"菜单、"关闭选项"按钮区和"搜索"框组成，如图 2 - 11 所示。

图 2 - 11　"开始"按钮菜单

1. 固定程序列表。该列表中显示开始菜单中的固定程序。默认情况下，菜单中显示的固定程序只有"入门"和"Windows Media Center"两个。通过选择不同的选项，可以快速地打开各种应用程序。

2. 常用程序列表。此列表中主要存放系统常用程序，包括"便签""画图""截图工具"和"放大镜"等。此列表是随着时间动态分布的，如果超过 10 个，它们会按照时间的先后顺序依次替换。

3. 所有程序列表。用户在所有程序列表中可以查看所有系统中安装的程序。单击"所有程序"按钮，即可打开所有程序列表。单击文件夹的图标，可以继续展开相应的程序，单击"返回"按钮，即可隐藏所有程序列表。

4. 启动菜单。"开始"菜单的右侧是启动菜单。在启动菜单中列出了经常使用的Windows 程序链接，常见的有"文档""图片""音乐""游戏""计算机"和"控制面板"等。单击不同的程序按钮，即可快速打开相应的程序。

5. 搜索框。搜索框主要用来搜索计算机上的项目资源，是快速查找资料的有力工具。在搜索框中直接输入需要查询的文件名，按"Enter"键即可进行搜索操作。

6. 关闭选项按钮区。关闭选项按钮区主要用来对操作系统进行关闭操作。其中包括"关机""切换用户""注销""锁定""重新启动""睡眠"以及"休眠"等选项。

了解了开始菜单之后，就可以根据需要对开始菜单进行设置。

接下来讲解如何自定义开始菜单。对"开始"菜单右窗格的电源按钮功能定义为"重新启动"，在"开始"菜单右窗格中添加"下载"项目，操作步骤如下：

1. 右击"开始"→"属性"→"电源按钮操作"→"重新启动"，如图 2－12 所示。

2. "开始"→"关机"→"重新启动"。

3. 右击"开始"→"属性"→"「开始」菜单"→"自定义"→"下载"类别下的"显示为链接"，如图 2－13 所示。

4. "开始"→"下载"，如图 2－14 所示。

图 2－12　选择"重新启动"选项

图 2－13　选中"显示为链接"

（四）快速启动工具栏

Windows 7 操作系统取消了快速启动工具栏。若想快速打开程序，可将程序锁定到任务栏上面。欲将常用程序 Microsoft Word 2010 的快捷方式图标锁定到"开始"菜单的左窗格上方，须将"开始"菜单中已锁定的图标解锁，操作步骤如下：

1. "开始"→"附到「开始」菜单"，如图 2 - 15 所示。

图 2 - 14 新加"下载"项目   图 2 - 15   选择"附到「开始」菜单"命令

2. "开始"→"开始"菜单的程序所对应的快捷方式，如图 2 - 16 所示。

3. 右击"开始"→"从「开始」菜单解锁"，将可解除其锁定的状态，如图 2 - 17 所示。

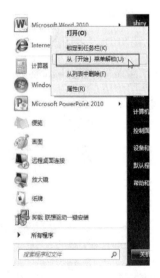

图 2 - 16   新锁定的 Word 快捷方式   图 2 - 17   解除其锁定状态

（五）任务栏

任务栏是位于桌面最底部的长条。它主要有"程序"区域、"通知"区域和"显示桌面"按钮组成。同以前的操作系统相比，Windows 7 中的任务栏设计更加人性化，使用更加方便，功能更强大，灵活性更高。用户按"Alt + Tab"组合键可以在不同的窗口之间进行切换操作。

下面详细介绍隐藏任务栏和将任务栏中的应用程序图标分开显示的具体操作步骤。

1. 弹出"任务栏「开始」菜单属性"对话框。将鼠标光标放置在任务栏上单击鼠标右键，在弹出的快捷菜单中选择"属性"菜单命令，弹出"任务栏「开始」菜单属性"对话框，如图 2 – 18 所示。

2. 隐藏任务栏。在"任务栏"选项卡下，单击选中"自动隐藏任务栏"复选框，然后在"任务栏按钮"右侧的下拉列表中选择"从不合并"选项。设置完成后，单击"确定"按钮，关闭"任务栏「开始」菜单属性"对话框，如图 2 – 19 所示。

3. 查看任务栏。返回桌面，可以看到任务栏已经隐藏，将鼠标光标放置到桌面的底部时显示任务栏，且任务栏上的应用程序不合并。

4. 取消隐藏任务栏。再次打开"任务栏「开始」菜单属性"对话框，在"任务栏外观"区域撤销选中"自动隐藏任务栏"复选框，然后单击"确定"按钮，即可取消隐藏任务栏。

图 2 – 18 "任务栏「开始」菜单属性"对话框

图 2 – 19 隐藏任务栏

四、Windows 7 的基本操作

（一）窗口

在 Windows 7 中，所有的工作都在窗口或对话框中展开，它们是程序和用户之间的

接口。窗口主要由控制菜单按钮、标题栏、菜单栏、工具栏、状态栏、滚动条以及工作区等部分组成。不同的程序窗口界面可能差别很大，如文字编辑窗口软件的窗口与媒体播放伙伴的窗口，但所有窗口都具有一些基本元素，如标题栏、菜单栏和工具栏（或 Robbin）、状态栏、滚动条等，如图 2-20 所示。

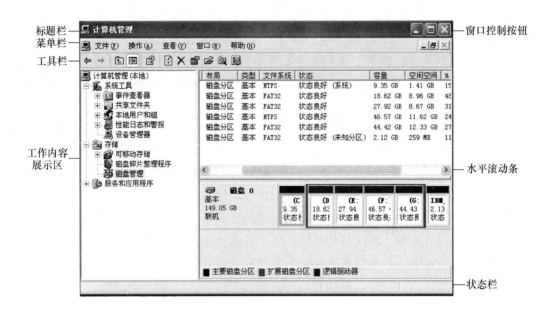

图 2-20　窗口

对窗口的控制操作主要有最大化、最小化、还原、关闭、改变大小等。Windows 7 的窗口在任务栏上显示为一个按钮，也称为标签，可以在标签处对窗口进行操作。

（二）鼠标和键盘操作

1. 鼠标的操作方法。鼠标是 Windows 操作系统中最便捷、直观的输入设备，常用的鼠标有 3 个按钮，左边的按钮称为左键，右边的按钮称为右键，中间的按钮很多情况下是个滚轮，主要用来滚动网页。鼠标有以下五种操作方式：

（1）移动或指向。握住鼠标移动，屏幕上鼠标指针跟随移动，当移动到一个对象上停留时，会出现一些情况。如果对象是一个图标或按钮，一般会出现一些提示信息，比如该对象的名称或该按钮的功能；如果对象是一个菜单名，则展开此菜单的下级内容。

（2）单击（左键）。单击鼠标是指敲击鼠标的左键，这种操作的结果主要是选择某一对象或执行某个菜单或按钮的功能。

（3）单击右键（右击）。指向一个对象并敲击右键，会弹出一个菜单，这种菜单叫做快捷菜单，也称为右键菜单。快捷菜单里的命令都是针对当前对象的操作。

（4）双击。双击操作是指快速地在鼠标左键上敲击两次。双击操作主要是用来打开某个程序或文件，如果敲击速度过慢，这种操作的性质就变为两次单击，与双击效果完全不一样。

（5）拖动。拖动鼠标是按住鼠标左键同时移动鼠标。拖动操作主要用来选择一个区域或移动对象，也常在图形操作时用来画出一个轨迹。

鼠标在不同的程序中完成不同操作时，会呈现不同的外观，这种外观被称为鼠标指针形状。不同的指针形状代表不同的状态，使用者可以通过指针状态来了解当前的操作性质或结果。鼠标的主要指针形状和含义如表 2－1 所示。

表 2－1 常见鼠标形状及其含义

鼠标指针的形状	指针含义
	系统处于就绪、等待状态
	单击可获得帮助信息
	当前操作正以后台形式执行
	系统正在工作，用户应该等待
	单击鼠标可精确选择
	指针当前位置可以输入文本，拖动可选择文本
	禁用
	当前对象不可用
	拖动鼠标可以改变对象的大小
	拖动鼠标移动对象
	此处是一个超链接

2. 键盘。在 Windows 操作过程中，我们为了快速地执行某些命令，通常会使用一些键盘上不同键之间的组合来达到目的，这些键的组合我们称之为快捷键。表 2－2 列出了在 Windows 7 系统中经常使用的一些快捷键。

表 2 – 2   常用 Windows 7 快捷键

按钮组合	功能含义
Win	打开/关闭"开始"菜单
Win + D	显示/隐藏桌面
Win + P	打开外接投影选项
Win + E	打开资源管理器定位至库
Win + L	锁定计算机
Win + Tab	使用 Flip 3D 方式切换窗口
Alt + F4	关闭窗口
Alt + Tab	窗口之间的切换
Ctrl + X	剪切
Ctrl + C	复制
Ctrl + V	粘贴
Ctrl + Z	撤销
Ctrl + A	全选
Ctrl + Alt + Del	打开 Windows 7 任务管理器
Ctrl + Shift	切换输入法
Ctrl + 空格	中英文输入法切换
Delete	将当前选中项移动到回收站

任务二   计算机文件管理和用户管理

知识与能力目标

1. 了解计算机的系统资源。

2. 掌握文件和文件夹的管理。

3. 了解用户账户的管理。

一、使用"计算机"管理计算机资源

在计算机系统中，资源分为硬件资源和软件资源。右击 Windows 7 的桌面图标"计算机"可以打开两个窗口，如图 2 –21 所示，选择"打开"命令将打开管理文件和文件夹的"计算机"窗口，选择"管理"命令将打开用于管理计算机运行状态和硬件资源的"计算机管理"窗口。

42

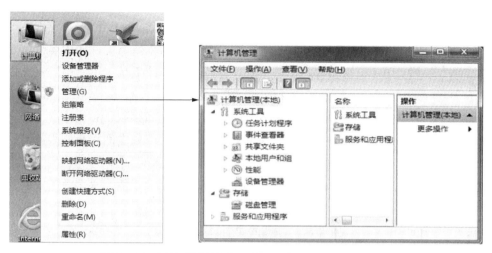

图 2-21 通过"计算机"图标打开软件和硬件管理窗口

直接双击桌面上"计算机"图标也可以打开"计算机"窗口，如图 2-22 所示，这个窗口主要是对计算机的软件资源进行操作。

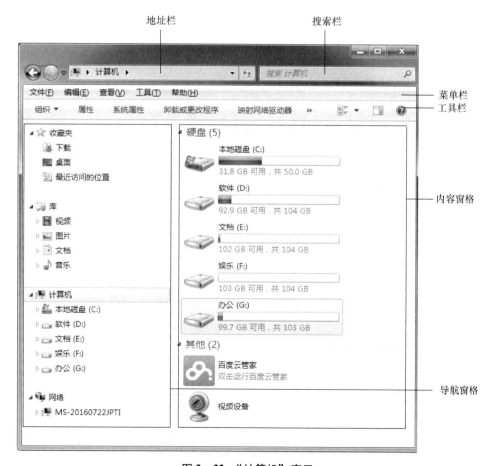

图 2-22 "计算机"窗口

（一）文件和文件夹

文件是一组信息的集合，是计算机中数据存储的基本单位。文件的内容可以是程序、文档、数据、图片、视频等。文件夹是文件管理的辅助工具，主要用于对文件的分类存储。

1. 文件名。为了区分不同的文件和文件夹，便于记忆和存取，必须给文件和文件夹命名。文件名一般由主文件名和扩展名两部分组成，两部分之间用小圆点隔开，即"文件名.扩展名"。例如，在文件名"计算机网络技术.doc"中，计算机网络技术是主文件名，doc 是扩展名。一个文件必须有主文件名，但可以没有扩展名，扩展名通常用来表示文件的类型。

在中文 Windows 7 中，文件和文件夹的命名可以由字母、数字、汉字等组成，但不能使用"＼／?：＊＞＜｜"等系统保留字符，且字符总数不可以超过 255 个。因此，用户可以根据需要建立描述性较强的文件名，甚至可以用空格或小圆点对文件名进行多次分隔，如 song. for. txt，此时只有最后一个小圆点后的部分（即 txt）才是文件的扩展名。

2. 文件类型。在 Windows 7 中，每个文件都有一个对应的图标，同类型文件图标相同，不同类型的文件有不同的图标。如果某种文件类型没有特定的图标，则使用 Windows 标准图标。借助文件图标，可以直观地区分文件类型。表 2-3 给出一些常见图标与扩展名及文件类型的对应关系。

表 2-3　常见图标与扩展名及文件类型的对应关系

文件的类型	扩展名及常用的图标		
文字	. txt	. doc	. pdf
图片	. gif	. bmp	. jpg
网页	. htm	. asp	
动画	. swf	. avi	
其他	. rar	. ppt	. xls

3. 文件夹。像在办公室和家里存放资料一样，为了有条不紊地管理这些资料，人们总是把相关的文件存放在一起。计算机中存放一组相关文件的位置称为文件夹。文件夹的命名规则与文件名相同，文件夹名字中一般不含扩展名。不在同一文件夹下的子文件夹或文件可以同名，但在同一文件夹中不允许有相同的子文件夹或文件。

文件夹中可以存放文件，也可以存放文件夹（即子文件夹）。同样，子文件夹也可以包含文件和自己的子文件夹。因此，Windows 7 中的文件组织结构是分层次的，即树形结构。

4. 文件的位置。文件可以存放在不同的驱动器及不同的文件夹中。在对文件进行操作时，除了要指定文件所在的驱动器外，还要指明文件在文件夹树形结构中的位置。文件的位置可以用"驱动器名 + 文件夹名"来标志，文件夹之间用符号"\"分隔。

"驱动器名 + 文件夹名 + 文件夹名"构成文件的完整路径。例如，"C：\ bb \ cc \ file. doc"表示文件 file. doc 位于 C 盘根文件夹 bb 文件夹的子文件夹 cc 中。

（二）浏览和查看资源

1. 浏览资源。"计算机"窗口左部窗口（称为导航窗格）是资源的组织结构，单击左部窗格的对象，在右部窗格（称为内容窗格）会显示出相应对象的下级内容，同时在左部窗格列出本对象的下级文件夹。在右部窗格双击对象名称可以打开相应文件或文件夹。

2. 不同的视图。导航窗格是可选项，如果不需要，可在窗口左上角"组织"→"布局"中去除。单击窗口右上部方框处的"预览"按钮可以新增一个预览窗格，预览窗格能显示文件的内容，如图 2 - 23 所示。

图 2 - 23 预览窗格

  "计算机"窗口右上部圆圈处的"更改你的视图"按钮可以改变资源的显示方式，单击旁边的三角形按钮出现一个视图列表，如图2－24所示。例如，以图标方式显示资源可以很明显地看出资源的类型，文件夹和文件一目了然，文件的类型也很直观。以"详细信息"方式显示资源能看到修改日期、类型和大小等信息。在菜单栏的"查看"菜单中还可对图标进行排序和分组，排序的依据可以是名称、大小、类型或修改日期，分组操作可以将图标进行归类，显示每类的信息。多样化的视图有效提升了资源的查看效率。

  （三）文件夹选项

  在"组织"按钮和菜单栏"工具"菜单中都可以找到"文件夹选项"设置，在这里可以对更多文件夹的操作和查看选项进行设置，如图2－25所示。如果选中"隐藏已知文件类型的扩展名"，则不会显示文件的扩展名，去掉此选项则可以看到文件的全名。

图2－24　资源的显示视图

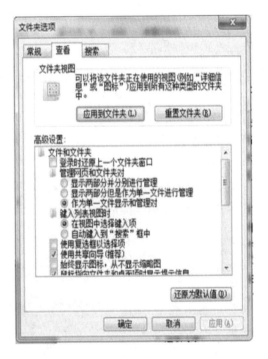

图2－25　文件夹选项

二、管理文件和文件夹

  在计算机中，存储着大量的文件和文件夹，这就需要运用工具对文件和文件夹进行良好的管理。"计算机"可以帮助用户快捷地对文件和文件夹进行浏览、新建、重命名、复制等各项操作。

在 Windows 系统操作过程中，需要养成一个操作习惯，即先选定、后操作。

（一）选定操作对象

在执行文件或文件夹的操作前，要先选择操作对象，然后按照自己熟悉的方法对文件或文件夹进行操作。选定对象的方法如表 2 - 4 所示。

表 2 - 4　选定对象的操作

选定对象	操作方法
单个对象	单击所要选定的对象
多个连续对象	单击第一个对象，然后按住 Shift 键，单击最后一个对象
多个不连续对象	单击第一个对象，然后按住 Ctrl 键，单击剩余的每一个对象
全选	按住 Ctrl + A 即可

当选定文件或文件夹后，该对象表现为高亮显示。

（二）管理文件和文件夹的操作方式

管理文件或文件夹的操作可通过菜单命令、使用快捷菜单或拖曳鼠标的方式完成，可根据个人喜好选择熟悉的方式。

文件或文件夹的操作一般有新建、重命名、复制、移动、删除、查找文件或文件夹，修改文件属性，创建文件的快捷操作方式，等等。常用的操作以及使用命令如表 2 - 5、表 2 - 6 和表 2 - 7 所示。

表 2 - 5　管理文件和文件夹的操作一

操作	"文件"菜单中的命令	说明
新建	"新建"	在当前路径中新建文件夹、快捷方式或各种类型的文档
发送	"发送"	可将选定文件发送到：磁盘、我的文档、邮寄接收者、移动设备等地方，也可以用该命令创建桌面快捷方式
重命名	"重命名"	重新命名文件或文件夹的名称
查看属性	"属性"	查看文件或文件夹的属性，并可对属性进行修改

表 2 - 6　管理文件和文件夹的操作二

操作	"编辑"菜单中的命令	鼠标拖曳	快捷键
复制	"复制""粘贴"	复制到不同驱动器：直接拖曳 复制在同一驱动器中：Ctrl + 拖曳	复制：Ctrl + C 粘贴：Ctrl + V
移动	"剪切""粘贴"	移动到不同驱动器：Shift + 拖曳 移动在同一驱动器中：直接拖曳	剪切：Ctrl + X 粘贴：Ctrl + V
删除	"删除"	直接拖曳到桌面回收站图标	Delete

表 2 - 7　管理文件和文件夹的操作三

操作	操作命令	说明	快捷键
恢复文件	双击回收站桌面图标，选中文件后，单击工具栏中的"还原项目"按钮	从回收站恢复到原来位置	/
查找文件	单击"开始"菜单→"搜索"命令	按照搜索条件搜索文件或文件夹	Win + F

三、用库管理文件

库提供了对相似文件进行分组的功能，同一类型库中的文件可能来自不同的文件夹中。例如，视频库可以包括处于不同路径下的电视文件夹、电影文件夹、DVD 文件夹以及 Home Movies 文件夹。

库本身也是一个文件夹，这个文件夹内存放的是要集中的文件夹或文件夹的快捷方式。库的位置在"计算机"窗口的左侧，里面包含图片、音乐、视频、文档四个默认库。有了"库"后，直接打开音乐或者视频里面的文件就一目了然了，如图 2 - 26 所示，可以同时预览好几个分区盘符里的视频文件夹，而不用一个一个地分区打开查看。

图 2 - 26　在库中浏览音乐文件

如果想将一个文件夹加入"音乐"库，可以在"计算机"窗口中右键单击这个文件夹，在出现的菜单中选择"包含到库"中的下级菜单项，如图 2 - 27 所示。

图 2 – 27　文件夹添加到库中

四、用户账户管理

（一）Windows 7 系统中的账户类型

Windows 7 系统中使用计算机的用户身份有两种：管理员（Administrators）和标准用户（Users）。管理员可以创建管理用户且具有计算机系统不受限制的访问权。若以管理员身份登录后，运行了受病毒或木马感染的应用程序时，病毒和木马就可以用管理员的身份在计算机中为所欲为。所以，为了保护计算机安全，Windows 7 建议为所有的用户创建"标准用户"，只使用管理员用户从事系统配置和软件安装的任务。

在 Windows 7 系统中，已经预定了管理员组和标准用户组，新创建的用户账号可以是其中一种。简单地说，不同的组使用户账户拥有的权限不同。也可以自己定义用户组，按自己的需要设定本组用户的权限，但 Windows 7 中预定的这两个组已经足够了。用户如果要查看自己的权限，可以通过"控制面板"→"系统和安全"→"管理工具"中，双击右部窗格中的"本地安全策略"，打开"本地安全策略"窗口，如图 2 –28所示，展开左部窗格中"本地策略"，单击其中的"用户权限分配"，可以看到右边关于用户权限的详细列表。虽然用户可以在此基础上对用户具体权限作出修改，但这种操作的危险性是很大的，因此不建议随意对权限做改动。

图 2 – 28　用户权限

（二）账户管理

对用户账户的操作是管理员用户的权限，因此，先要以管理员用户身份登录系统。

1. 创建用户账户。通过"控制面板"→"用户账号和家庭安全"→"用户账号"→"管理账号"，打开"管理账户"窗口，如图 2-29 所示。

图 2-29　用户账户

单击"管理其他账户"→"创建一个新账户"，在创建账户窗口中，输入新账号，选择用户类型，单击"创建账户"即可完成账户的创建，如图 2-30 所示。

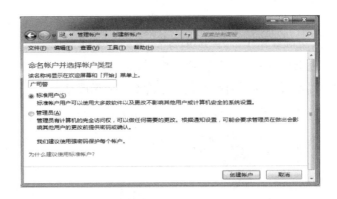

图 2-30　创建新账户

2. 设置用户账号。打开"控制面板"→"用户账号和家庭安全"→"用户账号"→"管理账号"，在"管理账号"窗口中列出了所有用户账户，单击某个账户名称即出现对此账户的操作窗口，如图 2-31 所示。在此处，可以对账户设置密码，或者删除用户账号。

图 2 - 31　更改用户账户

（三）NTFS 文件访问权限

对于不同的用户，可以根据不同的用户组属性体现权限级别大小，也可以自己设定对文件夹资源的访问权限。如某个用户建立的文件夹，希望其他用户不能修改或看到此文件夹内容，就可以通过这方面的设置来完成。

首先右键单击要设置权限的文件夹，在右键菜单中选择"属性"，在文件夹属性对话框中单击"安全"选项卡，可以看到在此选项卡中列出了所有用户，单击某一用户名称，在下方会显示出相应的文件夹权限，单击"编辑"按钮，弹出此用户文件夹权限设置对话框，如图 2 - 32 所示，在其中适当位置勾选允许或拒绝的权限，最后单击"确定"按钮完成设置。

图 2 - 32　文件夹访问权限

五、安装本地与网络打印机

打印机是日常办公和学习不可缺少的必备工具，在办公室往往多人共用一台打印机，安装打印机并与同事共享，或者连接到同事已共享的打印机，以实现文件的打印。

操作思路为：执行"添加打印机"命令安装本地打印机→设置打印机的共享→连接网络上共享的打印机→设置默认打印机。

添加打印机并设置打印机共享的操作步骤如下：

1. "开始"→"设备和打印机"。

2. "添加打印机"→弹出"添加打印机"→"添加本地打印机"，如图 2 - 33 所示。

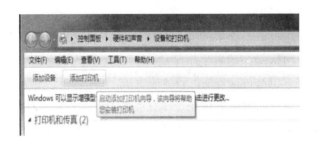

图 2 - 33　添加打印机

3. 在弹出的"选择打印机端口"窗口中，选择本地打印机的端口类型，如图 2 - 34 所示。单击"下一步"按钮。

图 2 - 34　选择"打印机端口类型"

4. 选择打印机的"厂商"和"打印机类型"进行驱动程序的加载。

5. 打印机驱动加载完成后，弹出"打印机共享"窗口，选择"不共享这台打印机"，单击"下一步"按钮，本地打印机添加完成。

6. 选择"共享此打印机以便网络中的其他用户可以找到并使用它"，再设置共享打印机名称，这样就设置好了打印机的共享，如图 2 - 35 所示。

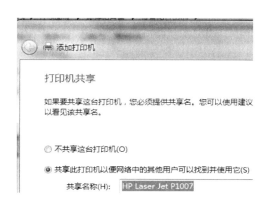

图 2 - 35　设置共享打印机名称

连接网络上共享打印机的操作步骤如下：

"开始"→"设备和打印机"→"添加打印机"→弹出"添加打印机"窗口→
"添加网络、无线或 Bluetooth 打印机"。

任务三　附件及多媒体工具的使用

📗 知识与能力目标 ⌐

了解计算机的附件和多媒体工具。

Windows 7 的附件在 Windows XP 的基础上有了很大的改进。

第一，在画图和写字板中，引入了 Ribbon 菜单，Ribbon 是一种以皮肤及标签页为
架构的用户界面（User Interface），如图 2 - 36 所示。Ribbon 最先出现在 Microsoft Office
2007 及 2010 的 Word、Excel 和 PowerPoint 等组件中。Ribbon 菜单实际上强化了工具栏，
弱化了原来的下拉式菜单，这样做的目的是使应用程序的功能更易于被发现和使用，
减少单击鼠标的次数。

图 2 - 36　Ribbon 菜单在"计算机"窗口的应用

第二，附件的程序数目和程序功能也有所扩充。例如，现在的附件程序中有了更丰富的小程序，如截图工具、便笺、日记本。对于具体的附件，如计算器，新增了计算贷款、汽车油耗等功能。

一、画图和截图工具

（一）画图

画图是 Windows 7 附件中的一个图片处理工具，利用画图可以自己作图，也可以打开已有的图形文件进行修改，如图 2 - 37 所示。一些简单的功能如裁剪、图片的旋转、调整大小等，无需动用 Photoshop 这样的大型程序，使用 Windows 7 画图就能轻松实现。画图只有两个大的工具组，一个是用于作图的"主页"，一个是控制显示的"查看"。

Windows 7 的画图程序对某些功能做了一些改进。在处理图片的过程中，图片局部文字或者图像太小看不清楚，可以使用"放大镜"工具，放大图片的某一部分以方便查看。单击"主页"→"放大镜"，鼠标左键单击某处则放大，鼠标右键单击某处则缩小；在"查看"中，增加了"缩略图"命令，可以看到一张图片的缩略图，方便对图形的整体把握。

（二）截图工具

在工作中，为了介绍某些知识或说明问题，常常需要直接从屏幕上截图，这时可以使用附件中的截图工具。截图工具能够以多种方式截取图片，还能对截取的图片进行编辑处理，截图工具窗口如图 2 - 38 所示。

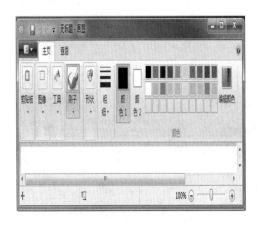

图 2 - 37 "画图"窗口

图 2 - 38 "截图工具"窗口

在截图工具的界面上单击"新建"按钮右边的小三角按钮，在弹出的下拉菜单中有四种模式，各种模式含义如下：

1. 任意格式截图：这种方式下，可以采取任意形状截图，截出自己喜欢的图形，是截图工具的亮点。

2. 矩形截图：截取一个矩形块里的内容。

3. 窗口截图：只截取当前活动窗口的内容，对应的键盘快捷键是 Alt + PrintScreen（PrtSc）。

4. 全屏幕截图：截取当前整个屏幕的内容，对应的键盘快捷键是 PrintScreen（PrtSc）。

选取截图模式后，整个屏幕就像被蒙上一层白纱，将鼠标移至屏幕上相应位置，按下鼠标左键拖动进行截图，截取完成后松开鼠标，在截图工具窗口可以看到截取的图片，之后就可以使用画笔和其他编辑工具对图形进行编辑，最后保存图片，一张通过截图形成的图片文件就形成了。

二、记事本和写字板

（一）创建日志文件——记事本

记事本是一款用于记录的文字编辑工具，它的最大特点是可以创建日志文件。创建日志文件的关键是在文件的最开始输入".LOG"，这样每次打开日志文件后，系统自动在最下面的空白处生成当前日期和时间，如图 2 - 39 所示。在日期和时间下输入要记录的内容，多次的记录形成一个日志文档。

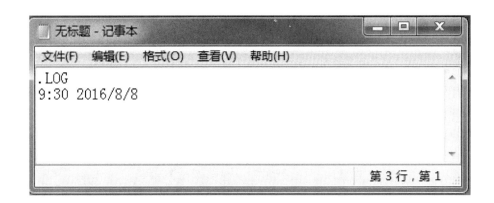

图 2 - 39　日志文档

（二）简单编辑工具——写字板

写字板是 Windows 系统自带的、更高级的文字编辑工具，相比记事本，它具备了格式编辑和排版的功能。如果处理的文字不需要特别的格式，可以采用写字板输入，因为写字板的格式编辑功能简单，所以处理文字速度较快且文件体积较小，如网络上的很多小说都是纯文本文件，特别适合使用写字板打开。

三、计算器

Windows 7 自带的计算器功能非常强大，除了日常数值计算外，计算器提供了面向不同用户的四种面板以及各种附加功能，通过"查看"菜单可以找到相应命令。

四、录音机和媒体播放机

使用录音机要求计算机必须配有麦克风。录音机启动后的界面如图 2－40 所示。单击录音机中的"开始录制"按钮可开始录音，麦克风收集到的任何声音都可以被录入计算机。单击"停止录制"按钮即可停止录音。

图 2－40　录音机

五、屏幕键盘和放大镜

（一）屏幕键盘的使用

单击"开始"→"所有程序"→"附件"→"轻松访问"→"屏幕键盘"即可打开屏幕键盘，如图 2－41 所示。屏幕键盘的程序名称为 OSK，在"开始"菜单中输入 OSK 并搜索，可以快速启动屏幕键盘。屏幕键盘外观精致漂亮，使用时直接用鼠标单击即可。Windows 7 屏幕键盘支持组合键操作，先单击 Ctrl、Shift 或 Alt 这几个键，程序会记住和保留先按下的状态，将它们处于反白状态，接着再单击其他键。

单击屏幕键盘上的"选项"，可以调出虚拟键盘的选项设置面板，在其中可以对键盘进一步设置，如是否有击键声音、是否开启数字键盘等。屏幕键盘为人们提供了一个虚拟键盘，当物理键盘损坏时，虚拟键盘可以替补救急，此外，虚拟键盘也可提高输入的安全性。

（二）放大镜的使用

放大镜可以对桌面上的任何区域进行放大，并且跟随鼠标移动，犹如放大镜就拿在手中一样，使用起来很方便。放大镜在使用过程中，仍然可以进行鼠标操作，不会因为放大状态而影响其他工作。在放大镜界面上可以设置放大的倍数，也可设置放大部分在屏幕上的显示方式。

图2-41　屏幕键盘

六、家庭组

Windows 7 通过库（Libraries）和家庭组（Homegroups）两大新功能对 Windows 网络进行了改进。库是对文件的分类，而分类的主要目的是按文件类型汇集并管理。之后可以创建一个家庭组，它会让库内容更容易地在各个家庭组用户之间共享，在家庭组中传送文件的操作如同在本地硬盘中复制、粘贴一样简单。

现在，一个家庭拥有多台计算机是很正常的事，如果需要在家中的几台计算机之间传送文件，一般可能会选用腾讯 QQ 等可以传递文件的软件，也可以用 U 盘复制，操作起来也不难，但家庭组让共享有一劳永逸的效果。现在，只要计算机中安装的都是 Windows 7 系统，并且每台计算机都接入到家庭路由器中，利用 Windows 7 的家庭组就可以为这几台计算机搭建一个家庭组。要注意的是，创建家庭组的计算机操作系统要求必须是 Windows 7 的家庭专业版或以上版本，加入家庭组的计算机操作系统可以是较低版本。

（一）创建家庭组

首先，在其中一台计算机上单击"开始"按钮，打开"控制面板"，在搜索框中输入"家庭"，可以找到并打开"家庭组"选项。

在"家庭组"窗口中单击"创建家庭组"，勾选要共享的项目，如图 2-42 所示。Windows 7 家庭组可以共享的内容很丰富，包括文档、音乐、图片、打印机等，几乎覆盖了计算机中的所有文件。

选择共享项目之后，单击"下一步"，Windows 7 系统会返回一串无规律的字符，这就是家庭组的密码，如图 2-43 所示，可以把这串密码复制到文本中保存，或者直接写在纸上，记下这串密码后，单击"完成"保存并关闭设置，一个家庭组就创建完成了。

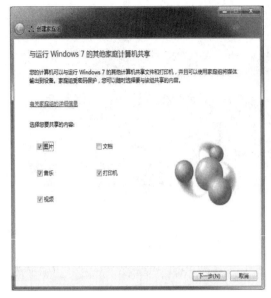

图 2-42 创建家庭组图

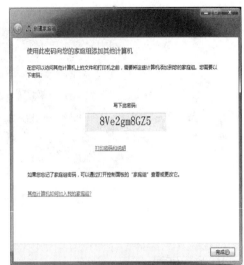

图 2-43 家庭组密码

(二) 加入家庭组

想要加入已有的家庭组，同样先从控制面板中打开"家庭组"设置，当系统检测到当前网络中已有家庭组时，原来显示"创建家庭组"的按钮就会变成"立即加入"。加入家庭组的计算机也需要选择希望共享的项目，选好之后，在下一步输入刚才创建家庭组时得到的密码，就可以加入到这个组了。

(三) 通过家庭组传送文件

家中所有计算机都加入到家庭组后，展开 Windows 7 资源管理器的左侧的"家庭组"目录，就可以看到已加入的所有计算机了。只要是加入时选择了共享的项目，都可以通过家庭组自由复制和粘贴，这与本地文件的移动和复制操作一样。

习 题

一、选择题

1. 一个文件的路径用来描述（　　）。

A. 文件存在哪个磁盘上

B. 文件在磁盘上的存储位置

C. 程序的执行步骤

D. 用户操作步骤

2. 在 Windows 7 环境中，若应用程序出现故障或死机，如果要弹出"任务管理器"窗口，通过结束任务结束出现故障的程序。这时按组合键（　　）。

A. Ctrl + Alt + Del

B. Ctrl + Alt + Shift

C. Ctrl + Alt + Tab

D. Ctrl + Alt + End

3. 关于 Windows 7 文件命名的规定，正确的是（　　　）。

A. 文件名可用字符、数字或汉字命名，文件名最多使用 8 个字符

B. 文件名可用所有的字符、数字或汉字命名

C. 文件名中不能有空格和扩展名间隔符"."

D. 文件名可用允许的字符、数字或汉字命名

4. 在 Windows 7 中，任务栏上的内容为（　　　）。

A. 当前窗口的图标　　　　　　　　B. 关机前的程序图标

C. 所有已打开窗口的程序　　　　　D. 已经打开的文件名

5. 要弹出快捷菜单，可利用鼠标（　　　）来实现。

A. 右键单击　　　　B. 左键单击　　　　C. 双击　　　　D. 拖动

6. 在 Windows 7 中，可以调整计算机软硬件配置的应用程序是（　　　）。

A. Word　　　　　B. Excel　　　　　C. 资源管理器　　　D. 控制面板

7. Windows 7 文件的目录结构是（　　　）。

A. 矩形结构　　　B. 树形结构　　　C. 网状结构　　　D. 环状结构

8. 在 Windows 7 界面中，当一个窗口最小化后，其位于（　　　）。

A. 标题栏　　　　B. 工具栏　　　　C. 任务栏　　　　D. 菜单栏

9. 在 Windows 7 默认环境中，下列 4 组键中，系统默认的中英文输入切换键是（　　　）。

A. Ctrl + Alt　　　B. Ctrl + 空格　　　C. Shift + 空格　　　D. Ctrl + Shift

10. Windows 7 中，显示桌面按钮在桌面的（　　　）。

A. 左下方　　　　B. 右下方　　　　C. 左上方　　　　D. 右上方

11. 使用下面哪种关机方式后再启动计算机时间最长？（　　　）

A. 锁定　　　　　B. 睡眠　　　　　C. 休眠　　　　　D. 注销

12. 要一次选择多个不连续的文件，可以先按住（　　　）键，再用鼠标逐个选取。

A. Alt　　　　　B. Ctrl　　　　　C. Shift　　　　　D. Tab

13. Windows 7 中的用户账户 Administrator 是（　　　）。

A. 来宾账户　　　B. 受限账户　　　C. 无密码账户　　　D. 管理员账户

14. 要查看或修改文件夹或文件的属性，可选中该文件夹或文件单机鼠标右键的（　　　）命令。

A. 属性　　　　　B. 文件　　　　　C. 复制　　　　　D. 还原

15. 文件的类型可以根据（　　　）来识别。

A. 文件的大小　　　　　　　　　　B. 文件的用途

C. 文件的扩展名　　　　　　　　　D. 网络和共享中心

二、填空题

1. Windows 7 有 4 个默认库，分别是视频、图片、_____和音乐。

2. Windows 7 中将窗口最大化的快捷键是_____。

3. Windows 7 中的鼠标操作有单击、双击、_____、滚动、拖动等。

4. 窗口中的 Robbin 菜单是标签式的菜单，弱化了_____菜单，强化了工具按钮。

5. 在 Windows 7 中，网络设置引入了一项新功能_____，可以使拥有多台计算机的家庭更方便地共享视频、音乐、文档以及打印机等。

6. 在 Windows 7 中，按 Windows 键 +_____可快速打开投影管理窗口。

7. 在 Windows 7 的默认设置中，当用户打开多个窗口时，任务按钮区会显示_____个按钮。

8. 在 Windows 7 中，借助_____，可以快捷找到最近使用的文件。

9. 在 Windows 7 中，按_____键可以复制当前活动窗口的界面。

10. 要安装 Windows 7，系统磁盘分区必须为_____格式。

三、实训题

1. 在 D 盘根目录下面创建一个新的文件夹，文件夹的名称为：资料。

2. 把 D 盘下的"资料"文件夹下的记事本类型文件"日记.txt"更名为"写实.txt"，"资料"文件夹更名为"学习"。

3. 将桌面上的文件"警徽.docx"移动到 D 盘下的"学习"文件夹里面。

4. 给 D 盘"学习"文件夹下的"写实.txt"文件在桌面上创建一个快捷方式。

5. 给 Windows 7 添加一个名为"王者来啦"的计算机管理员用户，并给本用户账户添加密码，密码为：123456。

—— 模 块 三

文字编辑软件Word 2010

文字处理软件 Word 2010 是 MS Office 2010 系列办公软件中非常重要的一个组件，它具有十分强大的文本处理与排版功能。利用这款应用软件，我们可以处理文字、处理表格、进行图文排版、邮件合并等。Word 2010 汇集了各种对象的处理工具，如图片和图表等，使得用户对文字、图形的处理更加得心应手。在处理各种书报、杂志、信函等文档录入、编辑和排版中，经常会使用到这款软件。我们将在本模块中通过知识点和实例来详细讲解 Word 2010 的相关使用方法。

任务一　Word 2010 的基市操作

🔖 知识与能力目标 ⌐

1. 掌握 Word 2010 的启动与退出。
2. 了解 Word 2010 的工作界面。

一、Word 2010 的启动与退出

（一）Word 2010 的启动

Word 2010 是在 Windows 环境下运行的应用程序，Word 的启动方法与启动其他应用程序的方法相同，有以下三种常用的启动方法：

1. "程序"项启动：单击"开始"→"程序"→"Microsoft office"→"Microsoft office word 2010"菜单命令。屏幕上会出现 Word 2010 的工作窗口，自动创建了一个取名为"文档 1－Microsoft Word"的新空白文档。

2. 文档启动 Word，双击一篇 Word 文档启动 Word 2010。但值得注意的是，若用此方法，扩展名 doc、docx 等文档的默认打开方式必须是 Word 2010，如果系统上还装有其他文字处理软件（如 WPS），可能启动的是其他软件。

3. 快捷方式启动 Word，在桌面上创建 Word 快捷图标，双击 Word 的快捷图标可以启动 Word。

（二）Word 2010 的退出

Word 2010 常用的退出方法有以下几种：

1. 单击 Word 2010 窗口右上角"关闭"按钮。

2. 单击"文件"→"退出"菜单命令。

3. 在任务栏上右击对应文档图标，在弹出的快捷菜单中选择"关闭"命令。

4. 使用快捷键"Alt + F4"。

二、Word 2010 工作界面

启动 Word 2010 后，屏幕上就会出现 Word 2010 的工作界面。如图 3 - 1 所示，Word 2010 普通视图下的界面由快速访问工具栏、标题栏、功能选项卡、"文件"选项卡、文档编辑区、输入状态信息和缩放标尺等组成。其中在屏幕中间的大块区域是文档编辑区，用户可以在这里输入、编辑修改和查看文档。在文档窗口中可以看到光标，光标所在的位置就是当前文档要输入的位置，在文档窗口的周围设置了各种用来编辑和处理文档的功能选项卡、对话框启动器、编辑按钮以及各种工具。

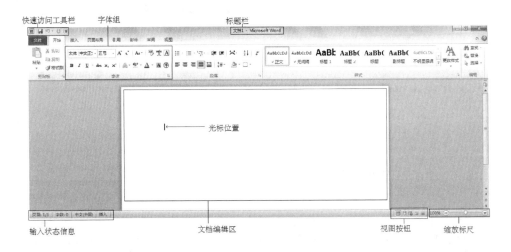

图 3 - 1　Word 2010 的工作界面

同以往的 Word 版本相比，Word 2010 在用户工作界面上做了很大的革新。其工作界面主要包括快速访问工具栏、标题栏、功能选项卡、"文件"选项卡、文本编辑区、输入状态信息、视图按钮、缩放标尺等。

（一）快速访问工具栏

快速访问工具栏位于 Word 2010 窗口顶端的左侧，用于放置使用频率较高的命令按钮，单击其中的按钮可以快速调用对应的 Word 功能，方便用户快速启动经常使用的命令，在"快速访问工具栏"后方有一个"自定义快速访问工具栏"按钮，可在"快速访问工具栏"中增减快速访问按钮。

（二）标题栏

标题栏位于屏幕窗口的最上端，其内显示的是当前应用程序名及本窗口所编辑文档的文件名。当启动 Word 2010 时，文档编辑区为空，Word 自动命名为"文档 1"。以后再新建时依次自动命名为"文档 2""文档 3"等。

标题栏最左边为 Word 图标，单击该图标出现下拉菜单，双击该图标可关闭当前窗口。标题栏最右边为三个控制按钮："最小化""最大化（或还原）"和"关闭"。

（三）功能选项卡

Word 2010 取消了传统的菜单操作方式，而代之以各种功能选项卡。功能选项卡位于标题栏的下方，看起来像菜单的名称，其实是功能选项卡的名称，当单击这些名称时并不会打开菜单，而是切换到与之对应的功能选项卡面板。

每个功能选项卡根据功能的不同又分为若干工具组，包括"文件""开始""插入""页面布局""引用""邮件""审阅""视图"等功能选项卡，它们提供了常用的命令按钮或列表框。在某些工具组的右下角有一个"对话框启动器"按钮。

（四）"文件"选项卡

和其他选项卡不同，Word 2010 中的"文件"选项卡，实则更像是一个控制面板，界面采用了"全页面"形式，分为三栏，最左侧是功能选项，最右侧是预览窗格。无论查看或编辑文档信息还是进行文件打印，随时都能在同一界面中查看到最终效果，极大地方便了对文档的管理，如图 3 - 2 所示。

图 3 - 2 "文件"选项卡

（五）文本编辑区

文本编辑区是 Word 2010 文档的录入与排版的区域，文档处理的文字、图片和表格等都显示在这个区域，文档的插入、编辑和修改等均在这个区域中进行。

（六）输入状态信息

输入状态信息位于窗口底部，在其中显示当前文档的页数、字数、使用语言以及输入状态等信息。输入状态信息中的节、页面、分数、字数，显示插入点所在的节、页及"当前所在页码/当前文档总页数"的分数，还有文件的总字数。

（七）视图按钮

视图按钮用于切换文档的视图方式。

（八）缩放标尺

缩放标尺用于调整当前文档的显示比例。

任务二 文档的基本操作

📖 知识与能力目标

1. 掌握新建、打开、关闭、保存基本步骤。
2. 熟悉设定文档密码保护的操作。
3. 掌握复制/粘贴、查找/替换等技巧。
4. 了解各种视图的功能与视图间的切换方法。
5. 学会如何打印文档。

一、文档的新建、打开与关闭

（一）文档的新建

新建一个 Word 文档，有以下三种方法：

1. 启动 Word 后自动新建 Word 文档。单击"开始"→"所有程序"→"Microsoft Office"→"Microsoft Word 2010"命令，启动 Microsoft Word 2010，当启动 Word 2010 后，系统自动建立了一个名为"文档1"的新文档。

2. 用鼠标右键弹出的快捷菜单。打开一个文件夹，鼠标右键单击其空白处，可弹出一个快捷菜单，在该菜单中选择"新建"→"Microsoft Word 文档"即可。

3. 在 Word 2010 打开的状态下，也可以新建文档。单击"文件"选项卡的"新建"组，打开"新建"功能区，如图 3-3 所示，在其中选择"空白文档"，然后单击

"创建"按钮，即可新建一个空白文档"文档1"。单击"快速访问工具栏"中的新建文档按钮，也可以建立空白文档。

图 3 – 3　新建 Word 文档

（二）文档的打开

打开一个现有 Word 文档，有以下三种方法：

1. 直接双击需要打开的文档。直接双击需要打开的 Word 文档图标，如果此时没有启动 Word 2010，系统会启动 Word 的同时，打开此文档。如果此时已经启动 Word 2010，系统则会直接打开此文档。

2. 打开最近使用过的文档。单击"文件"选项卡，选择"最近所用文件"，此时右侧会显示最近使用过的文档清单列表，点击所需打开的文档即可。

3. 在弹出的"打开"对话框中选择需要打开的文件。单击"文件"选项卡，选择"打开"或直接使用快捷键 CTRL + O 即可弹出"打开"对话框，在对话框中选择正确的路径打开需要的文档。

（三）文档的关闭

Word 2010 可以同时编辑多个文档，当用户不想再对某些文档进行编辑时，可以关闭这些文档。具体做法就是点击"文件"选项卡，然后单击"关闭"。

二、文档的保存与另存

用户在处理文档过程中经常需要对修改好的文件进行保存或另存，以方便下次继续操作。如果用户使用了保存，则 Word 会按照原路径和原文件名保存当前修改好的文件，之前在该路径下的文件会被覆盖；如果用户使用了另存，则修改之前的文件会继续保留，修改后的文件则是另外一个，此时会弹出"另存为"对话框，用户需输入新的文件名，若用户在所选路径下使用的文件名与当前路径下其他文件重名，系统会提示是否覆盖。值得注意的是，如果用户对一篇新文档进行保存，效果等同于另存，都会弹出"另存为"对话框，如图3-4所示。

图3-4　保存文件

一般来说，保存或另存为文档有以下几种方法：

1. 选择"文件"选项卡→"保存"命令。

2. 选择"文件"选项卡→"另存为"命令。

3. 在快速访问工具栏单击保存按钮。

4. 使用快捷键 CTRL + S 进行即时保存。

5. 使用快捷键 F12 对文档进行另存。

6. 关闭文档或退出 Word 时在对话框中选择"保存"。

保存文件的三个要素：文档名称、保存位置、保存类型。

文档保存的名称原则上可以是除保留字以外的任意文件名，但在日常工作中，文档命名都必须有意义（如文章的命名一般为题目），因为只有这样才能快速准确地打开所需要编辑的文档，提高工作效率。

文档的保存位置是一个小问题，但很多时候耽误了大量的时间，其实只要选择"文件"选项卡→"选项"命令，打开"Word 选项"对话框，选择"保存"选项，在默认文件位置中把常用的保存文件的目录设为默认的保存位置即可，这样每次打开和保存文档的时候，就会自动定位到该目录中，如图3-5所示。

图 3 – 5 设置保存文件的默认位置

文档的保存类型是一个重要问题，Word 2010 为用户提供了多种保存类型，不同类型的文件扩展名也不同。Word 2010 常见的保存类型有 Word 文档（. docx）、Word 97 – 2003 文档（. doc）、便携式文档格式 PDF（. PDF）、网页（. html、. htm）、纯文本（. txt）等。

其中，Word 文档（. docx）是 Word 2007 版本后使用的，它是 Word 2010 默认的保存类型；Word 97 – 2003 文档（. doc）是 Word 2003 以前版本使用的，保存为该类型主要为了使 2003 之前的版本也能兼容；PDF 则是一种度稳定强、移植性好的格式，该格式在传输过程中不容易出错，同时可以兼容其他操作系统，一般保存为该类型的文件可保护文档不被修改；网页（. html、. htm）类型可用于 Web 编辑，能在浏览器中打开；纯文本（. txt）格式只保存文本，其他信息不保存，一般用记事本打开。

下面举例说明保存文档的基本方法。

李明为了制作个人招新公告而新建了一个空白文档，他在该文档中录入了一些文字，他如果想保存该文件，只需在单击快速访问栏的"保存"按钮，在弹出的"另存为"对话框中选择文件的保存位置，并输入文件名"招新公告"，考虑到招聘单位使用的 Word 版本可能会比较低，因此他选择保存类型为 Word 97 – 2003 文档（. doc），最后单击"保存"按钮，将当前文件保存为"招新公告 . doc"即可。

三、文档的密码保护

为文档设置密码保护，以避免被不经过允许的人查看或修改，从而保护文档安全及个人隐私。文档的密码保护包括打开权限密码和修改权限密码。

打开权限密码：打开文件的密码，只能查看文件。

修改权限密码：对打开的文件具有修改的权限。

也可以指定两个权限密码，一个用于访问文件，另一个用于为特殊审阅者提供修改文件内容的权限，一般设置两个不同的密码。

具体操作步骤如下：

1. 打开待设定密码的文档，然后点击 Word 文件选项卡菜单下的"另存为"选项。

2. 在弹出的另存为对话框中点击"工具"右边的倒三角形，在下拉的选项中选择"常规选项"，之后会弹出"常规选项"的对话框，如图 3-6 所示。

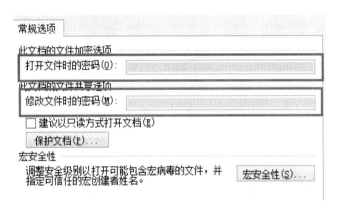

图 3-6 "常规选项"对话框

3. 在弹出的常规选项对话框中有两个输入框，一个是打开文件时的密码，是打开文件时需要的密码；另一个是修改文件时的密码，是用来保护文件不被他人编辑时设置的密码。现在把对话框中的两个密码都输入好。当然，也可以根据需要只输入一个密码。

4. 点击对话框下面的"确定"按钮。

5. 在另存为对话框中再单击"保存"按钮就可以对文档打开和编辑做密码保护了。

四、文本编辑的技巧

文本的编辑必须在文档编辑区中进行，在文档的光标停留处输入内容，光标位置则随之后移。先不考虑文字格式，标题输入完成后按回车 Enter 键，当输入文档的正文内容到达右边界时，自动换行。如果要开始新段落，按回车 Enter 键，则开始一个新的段落。

对于输入文本，有很多"投机取巧"的方法可以节约时间，如插入文件中的文字，使用"复制/粘贴"输入重要的文字，或者从文档的其他部分直接复制文字，妙用"查找和替换""撤销/重复"功能等。

　　使用复制粘贴法的具体操作如下：先打开文档"样本文字.doc"，三击该文档的任意选项或按快捷键 Ctrl + A 选定样本文字的所有内容，然后单击"开始"选项卡下的"剪贴板"组中的"复制"按钮或按快捷键 Ctrl + C，接着切换到"招新公告.doc"并将光标定位到相应位置，最后单击"开始"选项卡下"剪贴板"组中的"粘贴"按钮或按快捷键 Ctrl + V 即可。"复制"按钮和"粘贴"按钮的位置如图 3 - 7 所示。

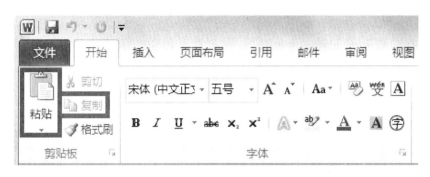

图 3 - 7　"复制"与"粘贴"

　　文字已经输入完毕，现在需要将文档中所有的文字"电脑"二字更改为"计算机"，如果一个个修改会耗费很长时间，有什么好的方法呢？

　　对于文档中错误内容的修改，应用"查找和替换"命令是一种效率较高的方法，尤其对于多次出现在一个较长文档中的内容的修改，可以通过选择"开始"选项卡的"编辑"组中的"替换"按钮实现。具体步骤如下：

　　1. 单击"开始"选项卡的"编辑"组的"替换"按钮，打开"查找和替换"对话框，如图 3 - 8 所示。

图 3 - 8　"查找和替换"对话框

　　2. 在"查找内容"编辑框中输入"电脑"二字，在"替换为"编辑框中输入替换后的内容"计算机"三字。

　　3. 如果需要逐个替换，则单击"替换"按钮，如果希望一次性替换所有内容，则单击"全部替换"按钮。

五、视图的切换

为满足用户对文档浏览方式的各种需求，Word 2010 为用户提供了五种不同类型的视图，方便用户在不同模式下浏览文档。

五种不同视图的主要功能如下：

（一）页面视图

页面视图是 Word 2010 的默认视图，会把页面上的所有内容都显示出来，通过页面视图显示的效果就是打印的实际效果。

（二）阅读版式视图

阅读版式视图是将 Word 文档按照图书分栏的方式显示出来，在这种视图模式下，只保留上方的部分快捷键，其他的诸如各种选项卡、功能区都会被隐藏起来，用户可按下"ESC"键退出该视图。

（三）Web 版式视图

Word 2010 可以将文档保存为网页格式，这类格式可通过网页浏览器打开，但通过浏览器打开的网页文件不能修改，而通过 Web 版式视图可以模拟网页浏览器的效果浏览文档，同时可以修改文档的内容。

（四）大纲视图

大纲视图是通过缩进的方式显示标题在文档中的级别，方便用户折叠或展开各级文档的各级标题，通过该视图可以清晰地浏览文章的层次结构，同时在该视图下还可以对各标题进行升级/降级的操作。

（五）草稿视图

在草稿视图中，页边距、页眉、页脚等信息不会显示出来，仅显示正文，是最节省空间的浏览模式。

在 Word 2010 中，既可以通过"视图"选项卡下的"文档视图"组（如图 3 - 9）按钮进行切换，也可以通过右下角的视图按钮（如图 3 - 10）进行切换。

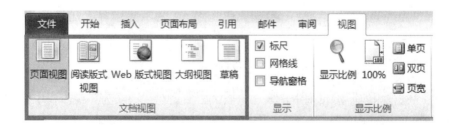

图 3 - 9 "视图"选项卡"文档视图"组

图 3 – 10 右下角的视图按钮

六、文本的打印

使用 Word 排版的最终目的往往就是打印。打印的具体步骤如下：在"文件"选项卡中选择"打印"选项，在右侧面板中会显示打印效果，通过拖动右侧下方的滑块；或单击缩小按钮（减号）、放大按钮（加号）；或单击"缩放到页面"按钮，都可以缩放文档的显示比例，更好地预览打印效果，如图 3 – 11 所示。

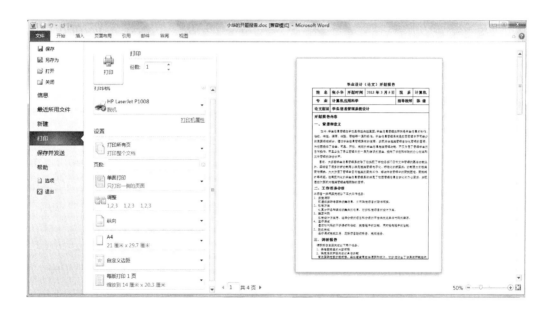

图 3 – 11 文档的打印和打印预览

Word 2010 将"打印"和"打印预览"集成到一个界面中，用户可以很方便地浏览单页、多页打印效果，设置相关的打印参数等。Word 2010 的打印操作比较简单，但是在打印文档的过程中，需要注意以下几个问题：

1. 要注意页面的设置，文档的页面设置要尽量和打印用纸的纸张大小一致。此外还需要进行其他打印设置，包括选取打印机、设置打印范围、打印份数、缩放比例等。在打印之前要先查看一下打印效果，调整不合适的地方，再进行打印，这样会减少很多打印错误，避免纸张浪费。

2. 要注意打印顺序及页面的选择。若全部打印，通常不需要选择页面，Word 默认的就是按顺序打印全部页面；如果要打印其中的部分页面，就需要选择打印范围，最简单的方法就是直接输入页码，中间用半角逗号隔开。

双面打印的情况要复杂一些，如果打印机状况良好，不卡纸，就可采用奇偶页分开连续打印的方法：先打印奇数页，完成后把纸张换一面再放回打印机，再逆序打印偶数页。如果打印机容易卡纸，最好选择手动双面打印，以减少纸张浪费。

任务三　文档的字符和段落格式设置

📖 知识与能力目标 ⌐

1. 掌握文档字符格式和段落格式的设置方法。
2. 能够给项目设置符号与编号。
3. 会使用格式刷和样式对格式进行复制。

一、文字的选定

MS Office 所有的应用软件都遵循一条操作规则："先选定，后操作"，即首先必须选定要处理的文本，当选定文本时，被选定的内容将变成与正常颜色相反的颜色醒目显示，即呈反向显示，以这种模式显示的文本称为"高亮文本"，一般情况下习惯用鼠标拖动的方法选定文本对象，表 3 – 1 中列出了常用的选定文字和图形的基本操作（限鼠标）。

表 3 – 1　选定文字的基本操作

选定对象	操作方式（鼠标）
任何数量的文字	鼠标拖过这些文字，不连续的文字可以通过按住 Ctrl 键的方式实现
一行文字	单击该行选定栏
多行文字	在对应的多行选定栏，拖动鼠标，不相邻的行可以通过按住辅助键 Ctrl 实现
一个段落	双击该段选定栏
整篇文档	三击该文档的任意选定栏
矩形块文字	按住 Alt 键时拖拽鼠标

二、字符的格式设置

Word 2010 中文本的格式设置主要包括字符格式和段落格式。

编辑文档的第一步就是设置字符的格式，字符格式的设置主要包括字体、字号、字形和大小、颜色等。其中在字体设置中还包括了下划线、字符颜色、着重号、上下标等一些特殊的字符效果的。方法如下：

1. 设置字符格式可以在"开始"选项卡的"字体"组中设置，如图 3 – 12 所示。

图 3 – 12　开始选项卡"字体"组

2. 可以单击"字体"组中的"对话框启动器"按钮，打开"字体"对话框后，在其中进行相应的设置，最后单击"确定"按钮，"字体"对话框如图 3 – 13 所示。

下面通过具体例子说明字符格式设置的方法。

打开"招新公告 . doc"，正文的文字格式要求如下：

1. 设置文字"学院广播站招新公告"的字体格式：字体为黑体，字号为 20 磅，字符间距为加宽 0.35 毫米。

2. 设置文字"招兵买马"的字体格式：字体为黑体，字号为三号，字符间距为调整字符间距为加宽 2 磅。

3. 设置正文中其他字体格式：字体为仿宋，字号为四号。

以上要求的具体操作步骤如下所示：

1. 选中文字"学院广播站招新公告"，单击"开始"选项卡的"字体"组中的"更改字体"按钮，如图 3 – 14 所示，在字体下拉列表中选择字体"黑体"，"字号"下拉列表中选择文字的磅值"20"。

图 3 – 13　"字体"对话框

图 3 – 14　文字格式设置"字体"组

2. 选定其他文字，按照上述方法可以设置其字体格式。若需改变文字颜色或设置加粗、倾斜、下划线、效果，可以在"字体"组中找到相应的功能按钮。

3. 如果需要设置字符间距，可以单击"字体"组右下角的"对话框启动器"按钮打开"字体"对话框，如图 3 – 15 所示。单击"高级"选项卡，在"间距"下拉列表中选"加宽"，在"磅值"中设定需要加宽磅值数，如需要加宽 1 磅则输入"1"，如果加宽的单位不是磅，则需要把单位补充完成，然后单击"确定"按钮即可，下图是加宽 0.35 毫米的设置方法。

图 3 – 15 "字体"对话框

4. 同理，可以用类似的方法去设置报告中的其他文字。

文字格式的设置效果如图 3 – 16 所示。

三、段落的格式设置

段落格式设置主要包括段落缩进、段落间距、换行、分页等设置。与字符格式设置类似，段落格式的设置同样也有两种方法。方法如下：

1. 设置段落格式可以单击"开始"选项卡，在"段落"组中进行相应的设置，如图 3 –17 所示。

学院广播站招新公告

喜欢播音吗？喜欢主持吗？喜欢创作吗？如果你喜欢，请来学院广播站，这里是播音主持爱好者的唯一交流平台，在这里，你每天都能听到我们的声音。我们致力于培养播音主持爱好者的兴趣，提升播音主持爱好者的综合素质。广播站欢迎你！

招 兵 买 马

播音员8名

岗位要求

热爱广播事业，具有高度责任感。

口齿清晰，字正腔圆，有较强的读稿能力。

有较强的文化修养。

岗位职责

负责周一到周五的广播站播音工作。

编辑6名

岗位要求

热爱广播事业，具有高度责任感。

图3-16 文字格式效果

图3-17 段落格式设置组

2. 可以单击"段落"组中的"对话框启动器"按钮，打开"段落"对话框，在其中进行相应的设置，如图3-18所示。

下面具体说明段落格式设置的方法。

打开"招新公告.doc"，报告正文的第一页效果如图3-21所示，开题报告中的字符必须进行相应的格式设置，具体要求如下：

1. 设置文字"学院广播站招新公告"的段落对齐方式：居中。

2. 设置文字"招兵买马"的段落对齐方式：居中。

3. 设置第一段文字"喜欢播音吗？……广播站欢迎你！"段落对齐方式：左对齐。段前间距0.5行，段后间距0.5行，行距为单倍行距。

4. 设置其他文字的段落格式为段落对齐方式：左对齐，行距为固定值为20磅。

具体的操作步骤如下所示：

图 3 - 18 "段落"对话框

1. 选中"学院广播站招新公告",在"开始"选项卡中的段落组中选择"居中",设置文字"招兵买马"段落格式的方法与之相同。

2. 选择第一段文字"喜欢播音吗?……广播站欢迎你!"。然后单击"段落"组右下角的"对话框启动器"按钮。如图 3 - 19 所示,在"对齐方式"下拉列表中选择"左对齐",在"间距"选项组的"段前"和"段后"两栏同时输入"0.5 行",在"行距"下拉列表中选择"单倍行距",最后单击确定。

3. 同理,其他文字的段落格式也可以用类似的方法进行设置。

四、格式刷的使用

当需要使文档中某些字符或段落的格式相同时,可以使用格式刷来复制字符或段落的格式,这样既可以使排版风格一致,又可以提高排版效率。

使用格式刷功能时,要先用光标选中文档中的某个带格式的"词"或者"段落",然后选择"格式刷",接着"刷"你想要替换格式的"词"或"段落",此时,它们的格式就会与开始选择的格式相同。

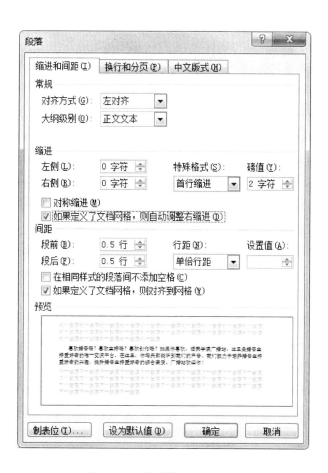

图 3－19　"段落"设置对话框

使用格式刷的方法有两种：单击和双击。单击格式刷时，该格式只可使用一次，使用后会自动取消使用状态。双击格式刷时，该格式可多次使用，但使用完后，必须再次单击格式刷或按下 Esc 键，才能关闭格式刷功能。如图 3－20 所示，格式刷位于"开始"选项卡下的"剪贴板"组中。

图 3－20　格式刷

下面用上述例子简单说明格式刷的使用方法。具体操作步骤如下：

1. 打开"招新公告.doc"，首先要设置好"播音员 8 名"一行的文字格式。字体为仿宋，字号为四号。

2. 选定"播音员 8 名"一行文字。

3. 然后双击格式刷。

4. 将后面文字中的每一行都用格式刷"刷"一遍。

5. 单击格式刷或按 ESC 键，关闭格式刷功能。

五、项目符号与编号

为了使文档中的相关内容层次分明，易于阅读和理解，可以为各内容段落添加各种形式的项目符号和项目编号。

项目编号列表经常用于按顺序阅读的内容或要点中，而项目符号则用于无需顺序阅读的内容或要点中，其目的都是强调，引起读者注意。

设置项目符号的操作步骤是：

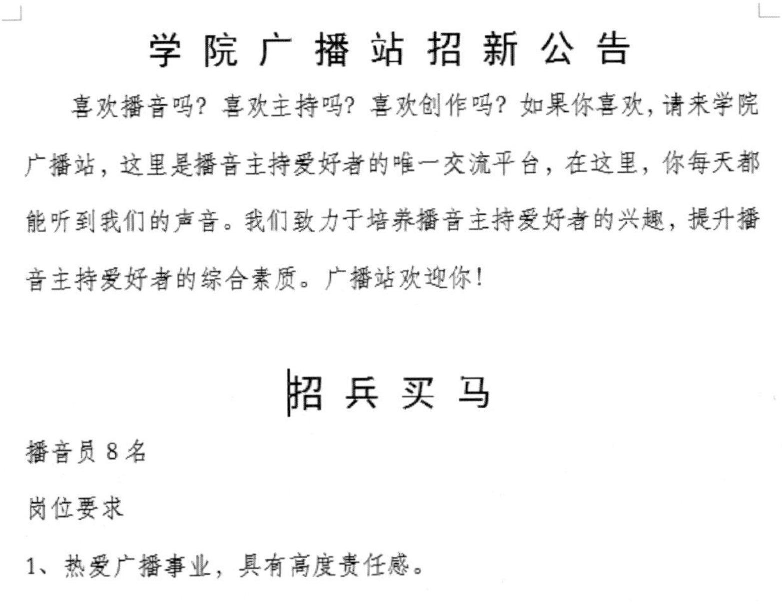

学 院 广 播 站 招 新 公 告

喜欢播音吗？喜欢主持吗？喜欢创作吗？如果你喜欢，请来学院广播站，这里是播音主持爱好者的唯一交流平台，在这里，你每天都能听到我们的声音。我们致力于培养播音主持爱好者的兴趣，提升播音主持爱好者的综合素质。广播站欢迎你！

招 兵 买 马

播音员 8 名

岗位要求

1、热爱广播事业，具有高度责任感。

图 3-21 "格式刷"的"刷"出的效果

1. 选定要添加项目符号的所有段落。

2. 在"开始"选项卡的"段落"组中，单击"项目符号"按钮旁的下拉按钮，在弹出的下拉列表框中选择"定义新项目符号"选项，即可打开"定义新项目符号"对话框，如图 3-22 所示。

3. 单击"符号"按钮，打开"符号"对话框。

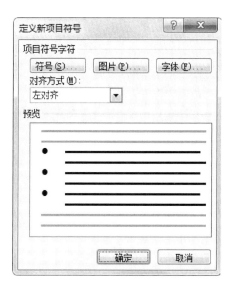

图 3 – 22 "定义新项目符号"对话框

4. 在"字体"下拉列表框中选择 Wingdings 选项，从中选择相应的符号，如图 3 – 23所示。

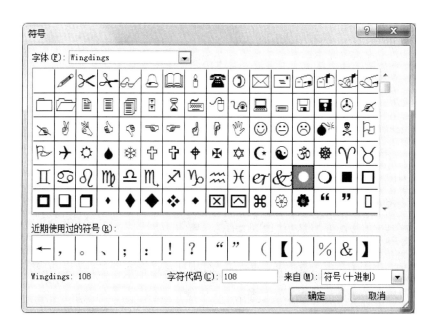

图 3 – 23 "符号"对话框

设置项目编号的操作步骤是：

1. 选定要添加项目编号的所有段落。

2. 在"开始"选项卡的"段落"组中,单击"项目编号"按钮旁的下拉按钮即可,如图3-24所示。

图3-24　项目编号的设置

3. 在其中选择相应的项目编号样式,也可以选择"定义新编号格式"命令设置新的项目编号格式。

下面具体说明项目编号的设定方法。

打开"招新公告.doc",项目符号和编号的设置要求如下:

1. 在所有岗位的名称与人数前添加符号"●"。

2. "岗位要求"前标"1)","岗位职责"前标"2)"。

3. "岗位要求"下面的每一段前都要添加符号"√"。

4. "岗位职责"下面一段要加添加符号"➢"。

设置好的具体效果如图3-25所示。

我们可以通过"开始"选项卡的"段落"组中的"项目符号"和"编号"来设置各段首的标号。具体的操作步骤如下:

把光标移动至每一段段首,如果段首是符号,我们需要单击"项目符号"下拉菜单选择正确的符号,如图3-26所示;如果段首需要编号,我们则打开"编号"下拉菜单，如图3-24所示，选择我们需要的样式"1) ____ 2) ____ 3) ____"；若需重新编号，则需单击左侧下拉菜单的"自动更正选项"中的"重新开始编号"即可，如图3-27所示。

招 兵 买 马

● 播音员8名
1) 岗位要求
✓ 热爱广播事业，具有高度责任感。
✓ 口齿清晰，字正腔圆，有较强的读稿能力。
✓ 有较强的文化修养。
2) 岗位职责
➤ 负责周一到周五的广播站播音工作。

图3-25　项目编号的效果

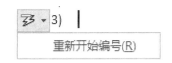

图3-26　选定合适的项目符号　　　　　图3-27　自动更正选项

上述的方法可以达到目的，不过操作起来不方便，我们可以通过使用格式刷的方式来对每一段段首进行"项目符号"或"编号"的快速设置。例如，在选定段首标识为"√"后单击或双击格式刷，用格式刷直接"刷"需要添加"√"的段落，这些段落的段首就会自动添加"√"，同时格式也会被复制过去。

使用格式刷能达到给每一段段首进行标记或编号的要求，不过依然不是最快的方式。如果使用 Word 2010 提供的样式，操作起来效率会更高。

六、样式的使用

Word 2010 提供的格式选项非常多，如果每次设置文档格式时都逐一进行选择，将会花费很多时间。样式是一组格式设置命令的集合，使用样式功能可以控制字符、选定文字、段落、表格中各行或大纲级别的格式。样式的类型样式按不同的定义可以分为字符样式和段落样式，也可以分为内置样式和自定义样式。

样式的方便之处在于可以把它应用于一个段落或者段落中选定的字符中，按照样式定义的格式，能批量地完成段落或字符格式的设置，从而大大提高文档的排版效率。此外，利用样式功能还可以为以后创建目录提供方便。

无论是否应用样式，在 Word 中创建的每个段落都使用了某种样式，即使用空白文档模板新建文档，Word 也会使用称为"正文"的默认文本样式。通常，在对文档中已有的词语、句子或段落应用新的格式选项时，就已经开始了新样式的定义。

定义样式的方法有两种：

1. 根据实例定义样式，即直接给样式命名，并使用当前选定的文本或段落的格式设置作为样式说明。

2. 手工定义样式，即先选择基准样式，然后从菜单中选择字体、段落或其他格式选项。

如果要定义样式，可以使用"样式"组的样式列表或样式对话框。

下面举例说明样式的使用方法。

我们通过使用样式来完成项目符号和编号的设定。

具体操作步骤如下：

1. 准备工作：根据实际情况明确需要定义的样式数量和各样式的具体格式要求。在本例中，要求定义四种基本样式，它们的格式要求如表 3 – 2 所示。

表 3 – 2   需要定义的四种样式与格式要求

名称	应用样式	格式要求
岗位名称与人数	正文	仿宋，四号，项目符号"●"
岗位要求	正文	仿宋，四号，项目符号"√"
岗位职责	正文	仿宋，四号，项目符号"➢"
手工编号	正文	仿宋，四号，编号类型"1)"

2. 添加样式，如对一行文字"热爱广播事业，具有高度责任感。"设定好字体和项目符号，然后选定它。接着在"开始"选项卡的"样式"组中点开"其他"，在弹出的菜单中单击"将所选的内容保存为新快速样式"，如图 3 – 28 所示。随后会弹出对话框，输入样式的名称"岗位要求"，如图 3 – 29 所示。

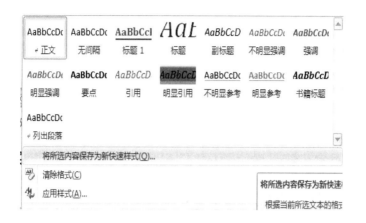

图 3-28 编辑样式

图 3-29 输入样式的名称

3. 使用样式，如图 3-30 所示，先选定好文字后，再单击所需样式，即可把当前样式中的格式应用到所选文字上。

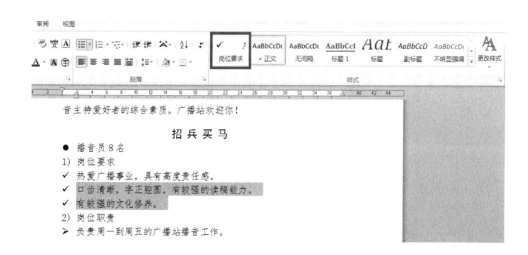

图 3-30 使用样式

任务四　文档的页面布局

知识与能力目标

1. 掌握纸张、页边距、页眉页脚等设置的方法。
2. 能够给文档插入分栏、分页、分节等分隔符。
3. 熟悉目录的插入与编辑方法。
4. 学会给文档设置背景与边框的方法。

一、页面设置

（一）纸张设置与页边距设置

纸张设置指对打印纸张属性的设置，包括纸张大小设置与纸张方向设置；页边距是指页面文字到页面边线的距离，页边距设置包括上下边距设置和左右边距设置。

设置纸张与页边距的方法有以下三种：

1. 利用"页面布局"选项卡中的"页面设置"组的相关按钮。"纸张方向"按钮可以设置纸张为横向或纵向；"纸张大小"按钮可设置打印纸的规格，如标准 A4 纸等。"页边距"按钮可设置纸张的页边距。具体操作如图 3 - 31 所示。

图 3 - 31　利用"页面设置"来调整纸张和页边距

2. 利用"页面设置对话框"来设置。单击"页面布局"选项卡中"页面设置"组右下角的"对话框启动器"。即可启动"页面设置"对话框，如图 3 - 32 所示。

在"页边距"选项卡中可设置页边距和纸张方向，在"纸张"选项卡中可设置纸张大小。

3. 利用"打印设置"功能来设置。单击"文件"选项卡→"打印"，在右侧弹出菜单"设置"一栏中可以设置纸张与页边距，如图 3 - 33 所示。

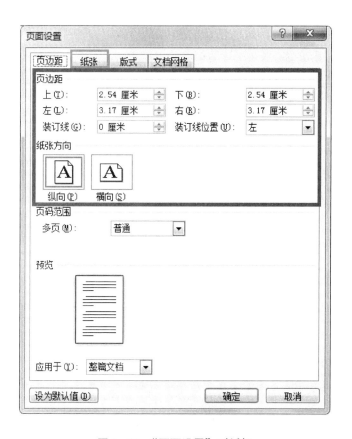

图 3 - 32　"页面设置"对话框

图 3 - 33　通过"打印"菜单调整页面设置

（二）分栏设置

Word 2010 可以将文档分成多栏，能够满足报纸、宣传册、杂志等印刷品的排版要求。既美观大方，又方便阅读。

系统默认文档只分一栏，如果想分多栏，可采取以下的步骤：

1. 选定待分栏的文字。

2. 单击"页面布局"选项卡中的"页面设置"组中的"分栏"按钮，可弹出如下菜单，如图 3-34 所示。

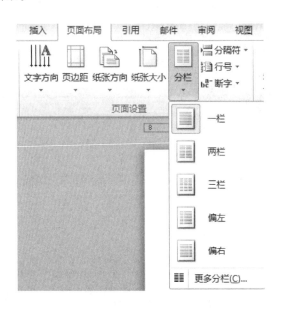

图 3-34 "分栏"菜单

3. 在弹出的菜单中选择待分的效果，如果没有满足的选项，可点击最下方的"更多分栏"，在"分栏"对话框中自定义分栏效果，"分栏"对话框如图 3-35 所示。

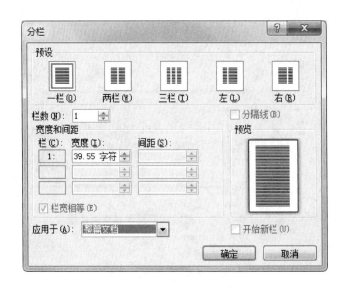

图 3-35 "分栏"对话框

如果想取消分栏，只需重新选定文字，把分栏数调成一栏即可。

（三）分页与分节

1. 分页。在编辑 Word 文档内容时，当每个页面都被内容充满直至最末行的最后位置时，在输入下一个内容时将自动落在新增页面中，这是 Word 的自动分页功能。自动分页功能自动按照用户所配置页面的大小自动执行分页，以美化文档的视觉效果、简化用户的操作。但有时可能需要将某个内容之后的所有内容强制放到下一页中，这就是手动分页。

2. 分节。所谓"节"，就是 Word 用来划分文档的一种方式，之所以引入"节"的概念，是为了实现在同一文档中设置不同的页面格式，如不同的页眉页脚、不同的页码、不同的页边距、不同的页面边框、不同的分栏效果等。

新建一个 Word 文档时，系统默认为一节，具有相同的页面设置效果（相同的页边距、纸张尺寸、页眉页脚的效果等）。插入"分节符"：可以把文档划分为若干个"节"，在不同的"节"中可以设置不同的页面格式，如页面边框、文档中不同页眉页脚的效果、文档中不同页的打印方向、页边距等，以丰富文档的排版效果。节可小至一个段落，也可以大至整篇文档，节用分节符标识，在普通视图中分节符是两条横向虚线。

如图 3 - 36 所示，这是一篇文章，整篇文章分为 3 节，其中第一页为第 1 节，中间三页为第 2 节，其余后面的内容为第 3 节。

从目前国内研究现状看来，学生信息管理系统的功能变得越来越完善，但仍然在很多方面存在着大量的不足。而本系统主要实现学生信息的自动化智能化管理，为教师和学生提供了极大的方便，因而也解决了由于手工操作而带来的时间上延迟和信息上闭塞等一系列的问题。学生信息管理系统就是要实现数据处理方式由手工操作向计算机管理的转变，它在计算机技术和学生信息管理实践活动之间搭建起了桥梁。

··分节符(下一页)·····················

第一章 开发意义

1.1 计算机的管理优势

1.1.1 存储容量大

图 3 - 36 文档的分节

一般情况下，在"草稿"视图下才能看到"::::: 分节符（下一页）:::::"。在其他视图下可以通过单击"开始"选项卡的"段落"组，单击"显示/隐藏段落标记"按钮，显示当前页的分节符，选择分节符，再按 Delete 键将其删除。

若需要对某一节进行"页面设置"，如将第 1 节"纸张方向"设置为"横向"，只需同时在"应用于"选项中选择"本节"，如图 3 - 37 所示。

如果要使用分页或分节，将光标定位在某一章节的末尾；然后，在"页面布局"

选项卡的"页面设置"组中，单击"分隔符"按钮右侧的下拉按钮；最后在"分节符"下面选择"下一页"，插入分节符的效果是分页的同时文章也会自动分节。值得一提的是，如果选择了"分页符"下面的"分页符"，显示或打印的效果是和"分节符"一样的，文章会自动分页，但没有了分节的功能，不能在同一文档的不同页面上进行不同的效果设置。"分页符"与"分节符"按钮的位置如图3－38所示。

图3－37　第1节的页面设置　　　　　　图3－38　分页符与分节符

二、页眉与页脚

页眉和页脚通常显示文档的附加信息，常用来插入时间、日期、页码、单位名称、徽标等。其中，页眉在页面的顶部，页脚在页面的底部。

通常页眉也可以添加文档注释等内容。页眉和页脚也用作提示信息，特别是其中插入的页码，通过这种方式能够快速定位所要查找的页面。

如图3－39所示，在"插入"选项卡中，单击"页眉"或"页脚"按钮，可以进行页眉或页脚的添加/编辑操作。

图3－39　插入页眉页脚

下面举例说明如何完成在页脚处添加页码的操作。

李明的招新公告的文字部分已基本完成，还需要在页底部中央处插入页码"－1－"，页码为普通阿拉伯数字。

添加页码的具体操作如下所示：

首先，在"插入"选项卡中单击"页码"按钮，选择"页面底端"；然后，选择"普通数字2"，则可以在页脚处添加页码，如果要修改页码的格式可单击"设置页码格式"，之后会弹出对话框，具体操作如图3－40所示。

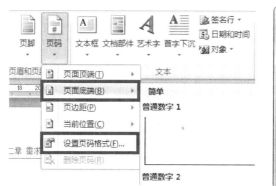

图3－40 页码位置与页码格式

下面举例说明如何完成与页眉相关的操作。

打开"招新公告.doc"，公告的页眉处要写明"学院广播站招新"字样。

具体的操作步骤如下所示：

1. 编辑页眉，在"插入"选项卡中，单击"页眉"按钮，然后选择"编辑页眉"，即可进入编辑页眉的状态，如图3－41所示。

图3－41 编辑页眉

2. 输入页眉信息，即输入文字"学院广播站招新公告"，如图3－42所示。

3. 编辑结束后，单击"关闭页眉和页脚"或双击文档任意空白处即可。

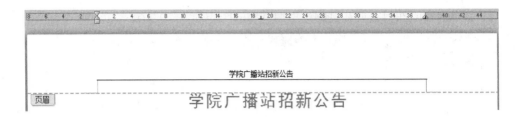

图 3 - 42　输入页眉信息

三、背景与边框

(一) 水印效果设置

日常生活中水印是指印在纸上经过特殊处理的纹理，平放着看不见，迎着光清晰可见，如人民币的水印等。在 Word 2010 中，水印是指文档背景显示的半透明的特殊标识，它可以是文字，也可以是图片。设置水印的具体步骤如下：

1. 打开待插入水印的文档，单击"页面布局"选项卡。

2. 在"页面背景"组中，点击"水印"按钮，会弹出水印编辑的菜单，如图 3 - 43所示，菜单中有若干文字水印供用户选择。

图 3 - 43　水印编辑的菜单

3. 如果这些水印不符合使用的要求，可点击"自定义水印"，此时会弹出"水印"对话框，可以在对话框中设置水印效果，对话框如图 3 – 44 所示。

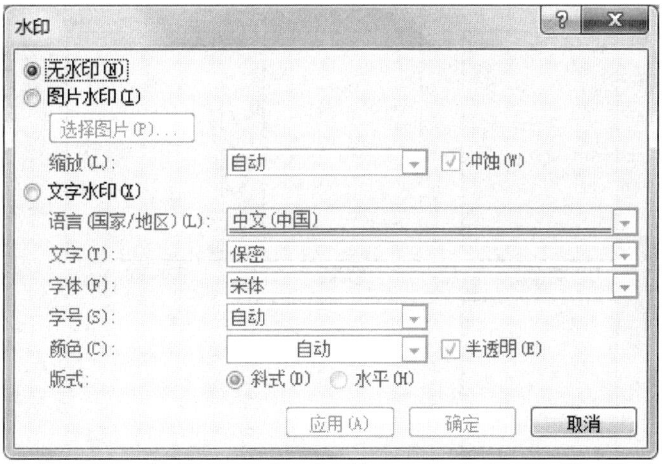

图 3 – 44　"水印"对话框

4. 如果需要删除已经插入好的水印背景，则在"水印"菜单下单击"删除水印"即可，如图 3 – 45 所示。

下面通过具体的实例来讲解水印的设置方法。

打开"招新公告 . doc"，单击"页面布局"选项卡，在"页面背景"组中，点击"水印"按钮，会弹出水印编辑的菜单，选择"自定义水印"，如图 3 – 46 所示。随后在弹出的对话框中选择"文字水印"，并在文字处键入"广播站欢迎你!"的字样，选择红色。

点击"应用"或"确定"后即可看到水印的效果，如图 3 – 50 所示。

（二）纹理图案与背景图片

Word 2010 不仅允许用户将单色或渐变色设置为文档背景，还可以使用纹理或图片设置为背景。其中，纹理背景由 Word 2010 内置纹理图案来设定，背景图片则采用用户自定义的图片来设定。设置页面的纹理图案或背景图片的具体操作步骤如下：

1. 打开需要设定的文档，单击"页面布局"选项卡。

2. 在"页面背景"组中，点击"页面颜色"按钮，会弹出"页面颜色"的编辑菜单，如图 3 – 47 所示，单击最后一项"填充效果"。

3. 此时会弹出"填充效果"对话框，如图 3 – 48 所示，用户可根据需要选择合适的填充纹理、图案或图片。

下面我们为"招新公告"设置背景，具体的操作步骤如下：

1. 打开"招新公告 . doc"，单击"页面布局"选项卡。

图 3 –45　删除水印

图 3 –46　文字水印的设置

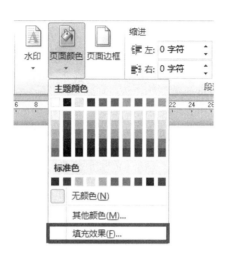

图 3 − 47　"页面颜色"菜单

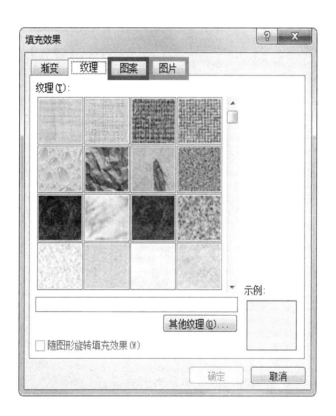

图 3 − 48　"填充效果"对话框

　　2. 在"页面背景"组中，点击"页面颜色"按钮，会弹出"页面颜色"的编辑菜单，单击最后一项"填充效果"。

3. 在弹出的"填充效果"对话框中单击"纹理",在"纹理"选项卡下选择"花束"。

4. 单击"确定"后,"招新公告"的页面背景即可设置完毕,效果如图 3 – 50 所示。

(三) 页面边框设置

在制作贺卡、请帖等文档时,有时为了让页面显得更加好看,需要对页面加上艺术化的边框。在 Word 2010 中,用户可以在"底纹和边框"对话框中实现页面的艺术型边框。具体操作步骤如下:

首先打开需要设定的文档,单击"页面布局"选项卡,在"页面背景"组中,点击"页面边框"按钮,会弹出"边框和底纹"的对话框,如图 3 – 49 所示。点击"艺术型"下拉菜单,在下拉菜单中选择合适的形状。

图 3 – 49 页面边框设置

下面我们为"招新公告"设置艺术型边框,具体操作步骤如下:

打开"招新公告 . doc",单击"页面布局"选项卡,在"页面背景"组中,点击"页面边框"按钮,在"底纹和边框"对话框中点击"艺术型"下拉菜单,选择"五个红气球"后单击"确定"按钮,艺术型边框效果如图 3 – 50 所示。

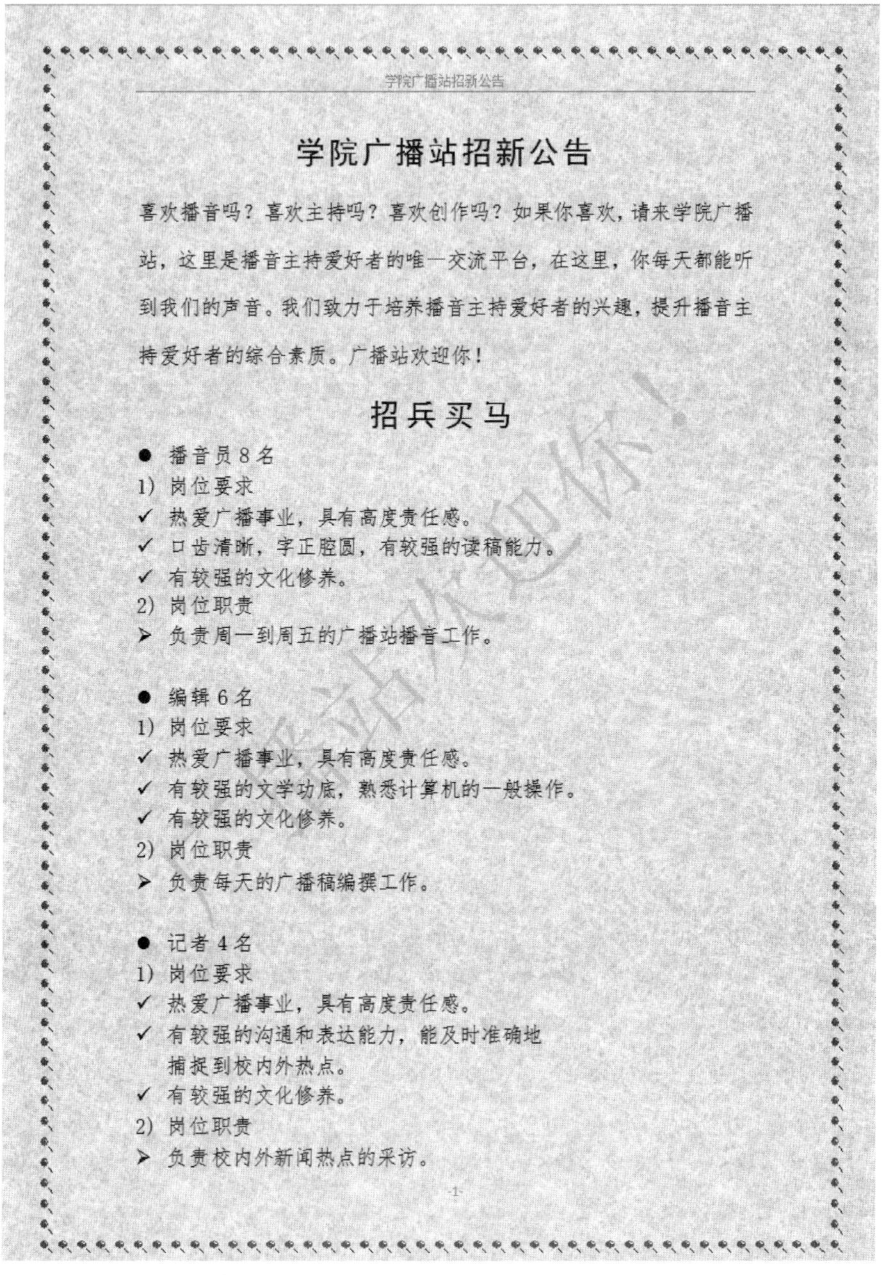

学院广播站招新公告

学院广播站招新公告

喜欢播音吗？喜欢主持吗？喜欢创作吗？如果你喜欢，请来学院广播站，这里是播音主持爱好者的唯一交流平台，在这里，你每天都能听到我们的声音。我们致力于培养播音主持爱好者的兴趣，提升播音主持爱好者的综合素质。广播站欢迎你！

招 兵 买 马

● 播音员 8 名
1）岗位要求
✓ 热爱广播事业，具有高度责任感。
✓ 口齿清晰，字正腔圆，有较强的读稿能力。
✓ 有较强的文化修养。
2）岗位职责
➢ 负责周一到周五的广播站播音工作。

● 编辑 6 名
1）岗位要求
✓ 热爱广播事业，具有高度责任感。
✓ 有较强的文学功底，熟悉计算机的一般操作。
✓ 有较强的文化修养。
2）岗位职责
➢ 负责每天的广播稿编撰工作。

● 记者 4 名
1）岗位要求
✓ 热爱广播事业，具有高度责任感。
✓ 有较强的沟通和表达能力，能及时准确地
   捕捉到校内外热点。
✓ 有较强的文化修养。
2）岗位职责
➢ 负责校内外新闻热点的采访。

图 3 – 50 艺术型边框效果

95

任务五　图形及其他对象处理

📖 知识与能力目标

1. 掌握图片的插入、编辑、删除的操作方法。
2. 能够对艺术字、文本框、自选图形等进行插入、编辑、删除操作。
3. 熟练完成公式以及其他对象的插入或编辑。

一、添加与编辑图片

在一个版面中，如果只有文字是不能强烈地吸引读者的注意力的。文字虽然可以在版面上产生直观的视觉效果，但如果适当地配上图片，就可以使呆板的版面增加活力和得到美化，为此，在文档中使用图片是必不可少的。Word 2010 为用户提供了方便的图片处理功能。

添加图片的方法是：

1. 先把光标移动到待插入图片的位置，然后单击功能区的"插入"选项卡，找到"插图"组，如果要插入系统内置的图片，则点击"剪切画"按钮；如果插入的是图片文件，则在"插图"组中找到并单击"图片"按钮，如图 3 – 51 所示。

图 3 –51　插入图片

2. 随后会弹出一个"插入图片"的对话框，如图 3 – 52 所示，找到图片的路径位置后，单击下方的插入按钮即可。

编辑图片主要包括调整图片大小、设置图片在页面中的位置和裁剪图片。

调整图片大小主要有三种方法：

1. 拖动图片控制手柄进行调整。在文档中单击需要调整尺寸的图片，此时，图片的周围会出现 8 个控制手柄。拖动四角的控制手柄可以按照宽高比例放大或缩小图片的尺寸。拖动四边的控制手柄可以向对应方向放大或缩小图片，但图片宽高比例将发生变化，从而导致图片变形。

2. 在"布局"对话框中调整图片大小。如果希望对图片尺寸进行更细致的调整，可以打开"布局"对话框进行设置。具体操作方法如下：

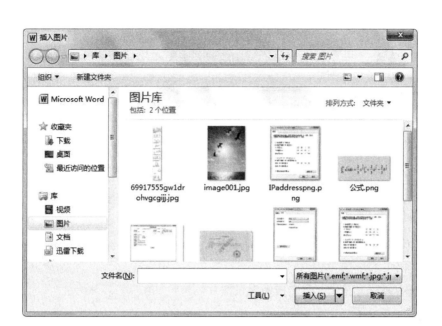

图 3 - 52　"插入图片"对话框

在文档中用鼠标右键单击需要调整尺寸的图片,从弹出的快捷菜单中选择"大小和位置"命令,打开"布局"对话框。

切换到"大小"选项卡,然后分别在"高度"和"宽度"选项组中设置图片的高度和宽度尺寸;在"缩放"选项组中单击选中"锁定纵横比"和"相对原始图片大小"复选框,并设置高度和宽度的缩放百分比,对应的高度和宽度缩放百分比将自动调整,且保持纵横比不变;如果对调整的图片尺寸不满意,可以单击"重置"按钮恢复原始尺寸,如图 3 - 53 所示。

图 3 - 53　"布局"对话框

3. 在文档中用鼠标选中需要调整尺寸的图片后，会出现图片工具中的"格式"功能卡，在最右侧的"大小"分组中可以调整图片的大小，如图 3 - 54 所示。

图 3 - 54 "格式"功能卡中的"大小"分组

Word 2010 内置了 10 种图片的位置，用户可以通过选择这些内置图片的位置来确定图片在文档中的准确位置。一旦确定这些位置，则无论文字和段落位置如何改变，图片位置都不会发生变化。在文档中设置图片的位置如图 3 - 55 所示。

图 3 - 55 文字环绕方式

为了能更精确地设置图片在文档页面中的位置，在图 3 - 56 中选择"其他布局选项"，通过设置"文字环绕"选项卡和"位置"选项卡来实现，如图 3 - 56 和图 3 - 57 所示。

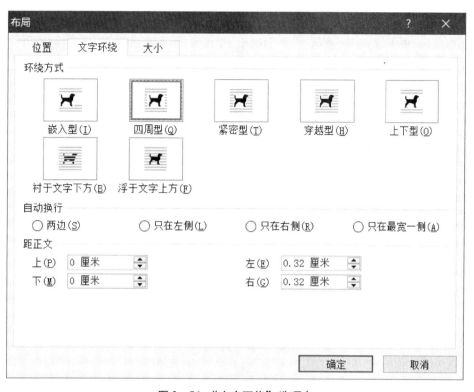

图 3－56　"文字环绕"选项卡

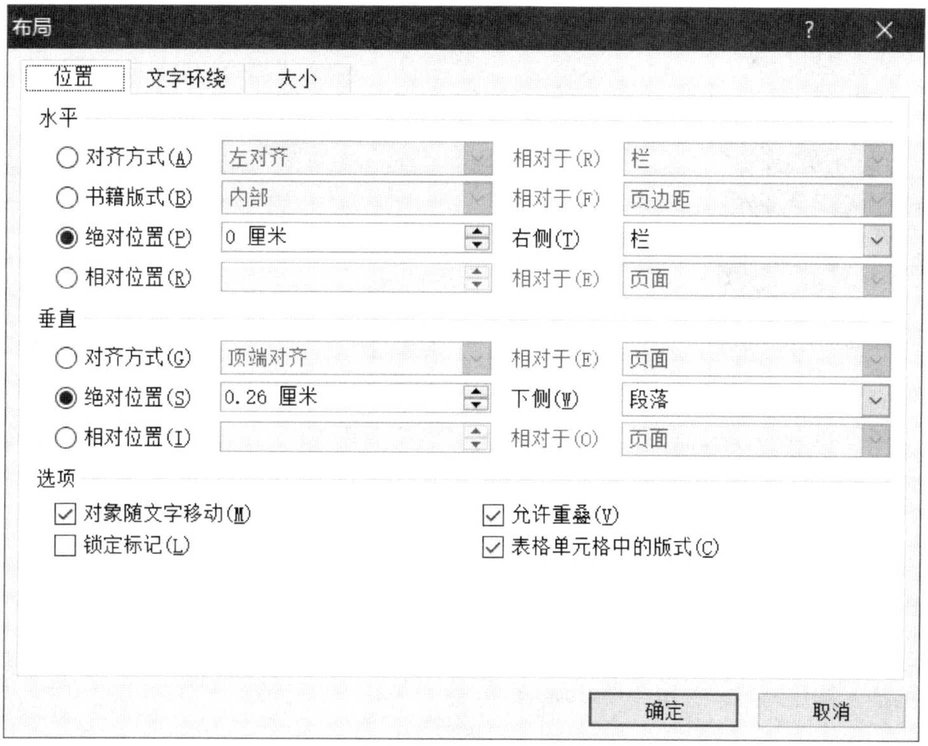

图 3－57　"位置"选项卡

在"位置"选项卡中，"水平"选项组提供了多种图片位置设置选项。其中，"对齐方式"选项用于设置图片相对于页面或栏左对齐、居中或右对齐；"书籍版式"选项用于设置在奇偶页排版时图片位置在内部还是外部；"绝对位置"选项用于精确设置图片自页面或栏的左侧开始向右侧移动的距离数值；"垂直"选项组的设置与"水平"选项组的设置基本相同。

裁剪图片的步骤如下：

选定图片后会出现图片工具中的"格式"功能卡，在最右侧的"大小"分组中可以有一个"裁剪"按钮，点开之后可以对图片进行裁剪，如图 3-58 所示。

图 5-58　裁剪图片

下面举例说明图片的插入与编辑应用。

待插入的图片如图 3-59 所示，需要把三张图片插入到招新公告中，要求所有图片都浮于文字之上。

图 3-59　待插入的图片

具体操作如下：

1. 先把光标移动到待插入图片的位置，然后单击功能区的"插入"选项卡，在"插图"组中找到并单击"图片"按钮。

2. 随后会弹出一个"插入图片"的对话框，找到其中一张图片路径位置后，单击下方的插入按钮即可，如图 3-60 所示。

图 3 – 60 在 "插入图片" 的对话框中选择需要插入的图片

3. 插入图片后，选定该图片，在图片工具 "格式" 选项卡的 "排列" 组中找到 "自动换行" 按钮并单击，在弹出的菜单中选择 "浮于文字上方"。

4. 将该图片拖动至合适的位置。

5. 其他两张图片的插入方法与之相同。最终的插入效果如图 3 – 70 所示。

二、艺术字、文本框与自选图形

有时用户需要在 Word 中插入专业的字体设计师艺术加工的字体，而且字体可以有不同的样式和格式，这种要求在 Word 的 "字体" 中已无法得到满足，此时需要使用 Word 提供的 "艺术字" 功能。艺术字具有美观有趣、易认易识、醒目张扬等特性，是一种有图案或装饰意味的字体变形。

下面介绍如何在 Word 2010 下插入艺术字。

首先，把光标定位在待定位置，然后单击 "插入" 选项卡，在 "文本" 组中找到 "艺术字" 按钮并单击，如图 3 – 61 所示。

图 3 – 61 插入艺术字

此时出现一个艺术字样式菜单，如图3－62所示，用户只需选择需要的艺术字样式并单击即可。

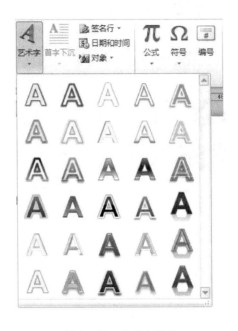

图3－62　艺术字样式

接着，在光标停留处会有"请在此处放置您的文字"的字样，输入具体字样即可对艺术字的文本进行修改，如图3－63所示。

图3－63　艺术字的文本字样

在Word中，文本框是指一种可移动、可调大小的文字或图形容器。与一般的文本不同，文本框可以移动到文档的任意位置，还可以改变大小。平时在使用Word学习或办公时，经常需要在文档中插入文本框。

下面介绍如何在Word 2010下插入文本框。

如图3－64所示，首先要选择"插入"选项卡，在右侧的"文本"组里，单击"文本框"按钮。

图 3 - 64　插入文本框

　　此时会弹出一个文本框样式列表，选择需要的文本框样式后，光标停留处会自动生成一个文本框。

　　或者直接在弹出的菜单下单击"绘制文本框"。点击完成之后，鼠标变成"十"形状，此时即可在文档的任何位置绘制文本框。绘制竖排文本框与绘制横排文本框的方法类似，不同的是需要点击菜单中的"绘制竖排文本框"。

　　此外，利用"文本"选项卡中的"首字下沉"还可以对一段文字设置首字下沉的效果，如图 3 - 65 所示。

图 3 - 65　"首字下沉"功能

　　如图 3 - 66 所示，为一段文字"首字下沉"的设置效果。

计算机不仅能进行算术运算，同时也能进行各种逻辑运算，具有逻辑判断能力。借助于逻辑运算，可以让计算机做出逻辑判断，还可以分析命题是否成立，并可根据命题成立与否做出相应的对策。但由于日常要处理的信息量大，处理过程复杂，要求的精度也比较高，如果用手工处理，难免会出现错误而给工作带来不必要的麻烦。但如果引进先进的信息管理技术，可以大大地简化运算过程，处理的结果精度也比较高，而且还能避免许多错误，把损失减少到最小。

图 3 - 66　"首字下沉"效果

　　Word 2010 中的自选图形是指用户根据需要自行绘制的各种线条和形状，用户可以直接使用 Word 2010 提供的线条、箭头、流程图、星星等形状组合成更加复杂的形状。

绘制自选图形的步骤如下所示：

首先，切换到"插入"功能区。在"插图"分组中单击"形状"按钮，并在打开的形状面板中单击需要绘制的形状（如选中"箭头总汇"区域的"右箭头"），如图 3 –67所示。

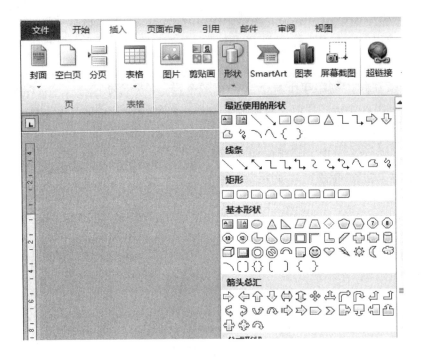

图 3 –67　插入自选图形

然后，将鼠标指针移动到 Word 2010 页面位置，按下左键拖动鼠标即可绘制相应的形状。如果在释放鼠标左键以前按下 Shift 键，则可以成比例绘制形状；如果按住 Ctrl 键，则可以在两个相反方向同时改变形状大小。将图形大小调整至合适大小后，释放鼠标左键完成自选图形的绘制，如图 3 –68 所示。

图 3 –68　绘制星星

下面通过实例讲解艺术字、自选图形以及首字下沉的操作方法。

打开"招新公告.doc",选定标题文字"学院广播站招新公告",然后选择"插入"选项卡,在右侧的"文本"组里,单击"艺术字"按钮,选择第三行第四列的样式,即"艺术字样式16",如图 3-69 所示。

图 3-69 选择艺术字样式

然后在"艺术字工具—格式"选项卡的"排列"组中找到"自动换行"按钮并单击,在弹出的菜单中选择"浮于文字上方",然后做适当的调整,使其居中。

再选定文字"招兵买马",然后按类似的操作插入艺术字,选择艺术字样式11,接着在"艺术字工具—格式"选项卡的"文字"组设定"等高""竖排文字"、间距"很松",在"艺术字样式"组的"颜色填充"选择橙色。最后在"排列"组中找到"自动换行"按钮并单击,在弹出的菜单中选择"浮于文字上方",最后做适当的调整后将其移动至左下方。

插入艺术字后,再插入自选图形"笑脸"。切换到"插入"功能区。在"插图"分组中单击"形状"按钮,并在打开的形状面板中选择"基本形状"区域的"笑脸"。插入完成后,在"排列"组中找到"自动换行"按钮并单击,在弹出的菜单中选择"浮于文字上方",同时在"形状样式"组的"颜色填充"选择黄色,最后移动至右下侧。

完成艺术字和自选图形的操作后,最后来完成首字下沉的设置。选定文章第一段"喜欢播音吗?……广播站欢迎你!"并在"插入"选项卡"文本"组中选择"首字下沉"下拉按钮,然后单击"首字下沉选项",在弹出的对话框中选择首字下沉

2行。

最终的"招新公告"的效果如图3-70所示。

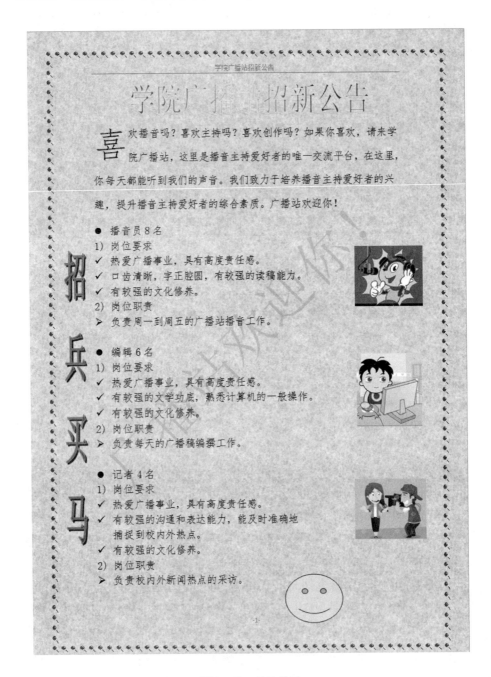

图3-70 最终效果

106

任务六　表格的制作与处理

知识与能力目标

1. 掌握表格的插入、编辑、删除、表格内文字设置方法等。
2. 能够给表格套用样式。
3. 能熟练地给表格中的数据做简单的运算、排序。
4. 熟悉表格与文本直接相互转换的方法。

一、表格中的基本知识

（一）表格的概念

表格是人们表达解释事物性质所运用的数据表达形式，在经济领域或者统计活动中的应用很广泛。Word 中的表格应用主要是对版面进行划分。

（二）表格中的行、列和单元格

表格由行和列组成，表格中横向的一排称为一行，纵向的一排称为一列。行列交叉成的格子称为单元格。

（三）表格中行、列和单元格标识

在表格中单元格有默认的标识（也就是名称），行、列也有其默认的标识。

行用 1、2、3……等数字标识，列用 A、B、C……等字母标识，单元格由其所在的列标和所在的行号进行标识，例如，B2 单元格，表示第 2 行第 2 列所在的单元格，那么 E2 就表示第 2 行第 5 列的单元格，依此类推。

二、表格中对象的选定

（一）选定单元格

当鼠标指针移近单元格内的左侧边界附近，指针指向右上且呈黑色时，表明进入单元格的选择区，单击左键，单元格反亮显示，该单元格被选中。

（二）选定一行

当鼠标指针移近行的左侧边线时，指针指向右上呈白色，表示进入行选择区，单击左键，该行反亮显示，整行被选定。

（三）选定一列

当鼠标指针移近列的上边线时，指针垂直指向下方呈黑色，表示进入列选择区，单击左键，该列反亮显示，整列被选定。

（四）选定整个表格

当鼠标指针放在表格之中的任一单元格，在表格的左上角出现十字型图案，单击该图案，整个表格反亮显示，整个表格被选定。

（五）相邻单元格、相邻行和相邻列的选中

选中了一个单元格、一行或一列时，不要松开鼠标向右或向下拖动鼠标，即可选中相邻的单元格、行或列。

（六）不相邻单元格、相邻行和相邻列的选中

先选中一个单元格、一行或一列，然后按住 Ctrl 键，再依次选中其他的单元格、行或列。

三、表格中对象的编辑

对表格对象的编辑分为三种：

1. 以表格为对象的编辑，如表格的选中、移动、缩放、拆分合并等。

2. 以行或列为对象的编辑，例如，选定行或列，行或列的插入、删除、移动和复制，行列的高度和宽度，等等。

3. 以单元格为对象的编辑，例如，选定单元格区域，单元格的插入、删除、移动和复制，单元格的合并与拆分，单元格中对象的对齐，等等。

下面通过实例来说明表格的创建过程。

需要创建的表格共有 5 列 7 行。完成创建表格操作的方法有以下三种：

1. 选择"插入"选项卡左侧的"表格"按钮，在下拉列表中选择"插入表格"命令，打开"插入表格"对话框，在其中输入"列数"和"行数"，如图 3 - 71 所示。

2. 选择"插入"选项卡左侧的"表格"按钮，在出现的表格网格（如图 3 - 72 所示）中移动鼠标选中第五列和第七行的单元格，单击鼠标左键即可在页面中插入相应的表格。

3. 单击"插入"选项卡左侧的"表格"按钮，在下拉列表中选择"绘制表格"命令，此时鼠标会变成一支铅笔状，拖动鼠标即可绘制表格，绘制结束后，按下 ESC 键即可。

四、单元格的合并和拆分

所谓合并单元格，就是将一行或一列或一个矩形区域中多个相邻的单元格合并成一个单元格。而拆分单元格，就是将一个单元格分割成多个单元格。

选定要合并或拆分的单元格，在"表格工具"/"布局"选项卡中，单击"合并"组中的相应按钮即可，如图 3 - 73 所示。

图 3 - 71 "插入表格"对话框

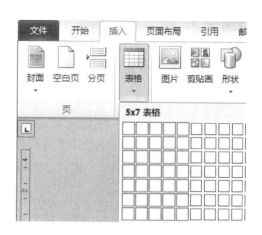

图 3 - 72 表格网格

图 3 - 73 合并单元格

五、表格的行高和列宽的设定

表格中行的高度叫行高,同一行中各单元格的宽度可以不同,但是高度必须一致。列的宽度就是列宽,同一列中各单元格的高度可以不同,但是宽度必须一致。

调整表格的行高和列宽,可以通过手动调整和精确调整两种方法实现。

(一)手动调整

如果想手动调整表格的行高,只需将鼠标指针移至行的框线上,按住鼠标左键并上下拖动鼠标即可调整表格的行高。

如果要调整表格的列宽,则将鼠标指针移至列的框线上,按住鼠标左键并左右拖动鼠标即可调整表格的列宽。

(二)精确调整

在 Word 2010 中,可以通过"表格属性"对话框对行高、列宽、表格尺寸或单元格尺寸进行精确的设置。

选中某行或某列,单击"表格工具"/"布局"选项卡,在"单元格大小"组中,可以精确设置行的高度或列的宽度,如图 3 - 74 所示。

图 3 - 74　精确设置行高和列宽

对前面所创建的表格进行行高的调整，设置表格时，除最后一行外表格的其他行（列标题）行高为 1.25 厘米；设置表格最后一行的行高为 2.5 厘米。

具体的操作步骤如下所示：

1. 选中整个表格，在"表格工具"/"布局"选项卡的"单元格大小"组中，设置高度值为 1.25 厘米，并按 Enter 键确认，如图 3 - 75 所示。

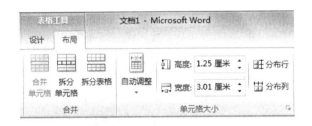

图 3 - 75　设置行高

2. 同理，选中表格的最后一行，设置行高为 2.5 厘米。

六、表格内文字对齐方式的设置

表格内文字的对齐方式分两种：一个是水平方向的对齐，一个是垂直方向的对齐。选中要设置对齐方式的单元格、行或者列，单击"表格工具"/"布局"选项卡，在"对齐方式"组中设置相应的对齐方式，如图 3 - 76 所示。

图 3 - 76　设置文字对齐方式

下面举例说明表格内文字格式的设定方法：

需要在表格中输入文字，文字内容如图 3 - 77 所示，格式要求将表格内的所有文字的字体都设置为黑体、四号，单元格对齐方式设置为"水平居中"。

具体的操作步骤如下：

2015~2016 年第一学期成绩单

课程名称	课程代码	课程类别	总评成绩	等级
计算机导论	10012	专业课	75	良好
C 语言	10031	专业课	78	良好
思想道德与法律基础	20110	公共课	65	及格
体育	20116	公共课	82	良好
多媒体技术与应用	10117	专业课	91	优秀
姓名：黄某某　　班级：司法信息 632　学号：20150103			平均：	

图 3 - 77　表格中的文字

1. 选中相应的文字，通过单击"开始"选项卡的"字体"组中的相应按钮，可以将表格中文字的字体设置为黑体、四号。

2. 选中表格内的所有单元格，单击"表格工具"／"布局"选项卡的"对齐方式"组中的"水平居中"按钮，即可将所有单元格中的文字置于单元格的中心。

七、表格样式的设置

制作好表格后，往往需要将表格进行美化，我们可以对表格边框底纹进行修改设置或选择 Word 内置的表格样式，使自己设计的表格能给人耳目一新的感觉。

（一）表格边框底纹的设置

Word 2010 提供了两种表格边框底纹的设置方法。

1. 选中需要设置边框的整个表格或特定单元格，单击"设计"选项卡。单击"底纹"或"边框"下的三角按钮后即可实现边框和底纹的设置，如图 3 - 78 所示。

图 3 - 78　"设计"选项卡下的"边框"和"底纹"按钮

2. 选中需要设置边框的整个表格或特定单元格，单击"设计"选项卡，然后点击在"边框"下的三角按钮，在弹出的菜单中选择"边框和底纹"，即可弹出"边框和底纹"对话框,如图 3 - 79 所示。

图 3 - 79 表格边框设定

下面通过实例来说明表格边框的设定方法。

表格已经基本建立完毕,现在需要对其边框进行设置,要求将表格的边框设置为黑色粗实线,磅数为 1.5 磅。具体的操作步骤如下所示:

1. 选中整个表格,在"表格工具"/"设计"选项卡的"绘图边框"组中,单击"笔样式"下拉列表框右侧的下拉按钮,从弹出的下拉列表框中选中"实线"样式,如图 3 - 80 所示,然后在"笔画粗细"下拉列表框和"笔颜色"下拉面板中分别设置粗细为"1.5 磅"和"黑色"。

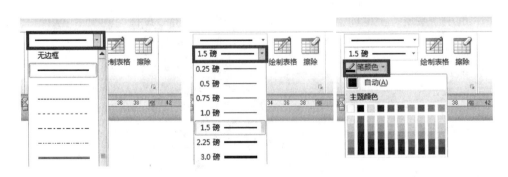

图 3 - 80 选择笔画样式、笔画粗细和笔画颜色

2. 在"设计"选项卡的"表格样式"组中,单击"边框"下拉按钮,从弹出的边框菜单中设置边框的显示位置为"所有框线",如图 3 - 81 所示。

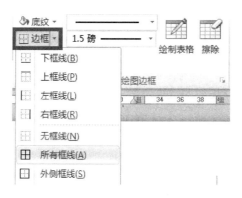

图 3 - 81　"边框"下拉菜单

（二）表格样式的选择

用户除了能自己设置表格的底纹与边框外，还可以用 Word 2010 提供的表格样式对表格进行美化。用户先点击或选中表格，在表格工具的"设计"选项卡中的"表格样式"中选择需要的样式即可，如图 3 - 82 所示。

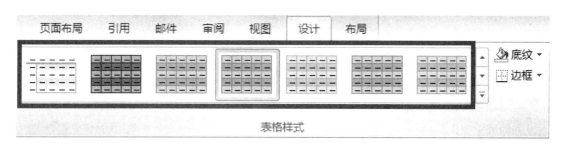

图 3 - 82　表格样式的选择

操作完成后的表格效果如图 3 - 83 所示。

2015~2016 年第一学期成绩单

课程名称	课程代码	课程类别	总评成绩	等级
计算机导论	10012	专业课	75	良好
C 语言	10031	专业课	78	良好
思想道德与法律基础	20110	公共课	65	及格
体育	20116	公共课	82	良好
多媒体技术与应用	10117	专业课	91	优秀
姓名：黄某某　班级：司法信息 632　学号：20150103			平均：	

图 3 - 83　应用表格样式后的美化效果

八、制作斜线表头

平时工作中，常常需要给表格制作斜线的表头。如图 3 – 84 所示，在课程表的表头中，行标题和列标题分别为星期和时间。Word 2010 为用户提供了有两种绘制斜线表头的方法。

星期 时间	星期一	星期二	星期三	星期四	星期五
上午					
下午					

图 3 – 84　课程表的斜线表头

（一）直接插入斜线法

把光标移动至表格的表头单元格中，在"表格工具"的"设计"选项卡的"表格样式"组中单击"边框"下拉按钮，在弹出的子菜单中点击选择"斜下框线"；或直接鼠标右键单击表头的单元格，在快捷菜单中选择"底纹和边框"，随后弹出"边框和底纹"对话框，如图 3 – 85 所示，在该对话框中选择"斜下框线"后单击确定即可。

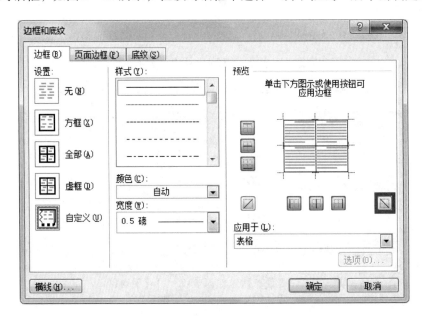

图 3 – 85　"边框和底纹"对话框

（二）手工绘制法

上面介绍的第一种方法仅在表头单元格只有一条斜线的情况下使用，如果表头单元格有多条斜线，则只能采用手工绘制的方法，具体步骤如下所示：

点击"插入"选项卡，在"插图"组中单击"形状"，随后弹出"形状"菜单，在"线条"中选择"直线"，如图 3 - 86 所示，即可直接在表格中插入表头了。

图 3 - 86　选择"直线"形状

九、表格公式的使用

MS office 所有的组件中 Excel 表格的公式运算功能最为强大，而 Word 更擅长表格的格式化与美化。所以一般制作文字表格用 Word，而数据表格用 Excel。但是有时在 Word 中需要进行一些简单的数据计算时，如果再到 Excel 中计算，会有点麻烦，其实用 Word 就可以完成一些简单的计算，如求和、求平均值等。

Word 表格公式的使用步骤如下：

1. 把光标移动至待求公式的单元格内。

2. 单击"表格工具"／"布局"选项卡，在"数据"组中，单击最右侧的"公式"可以进行简单的数学公式计算，如图 3 - 87 所示。

图 3 - 87　表格公式的使用

下面举例说明表格内如何使用数学公式。

我们已将表格设计好，并完成表格内所有信息的录入，其中包括 D7 单元格（平均分）在内。但平均分是靠笔算出来的，可能会有误，现在想重新利用表格的公式计算出各科的平均分，同时验证一下自己的计算是否有误。

具体的操作步骤如下所示：

1. 光标移动至"平均分"单元格，并删除单元格的内容。

2. 单击"表格工具"／"布局"选项卡，在"数据"组中，单击最右侧的"公式"按钮。

3. 此时会弹出一个"公式"对话框，利用该功能，可以对表格中的数值信息进行简单计算，如求和（Sum）、求平均数（Average）等。此时，在"公式"下输入"＝Average（Above）"，单击确定即可，如图 3－88 所示。其中，Average 为的基本函数，可用来求平均值，Above 为参数，表示对该单元格以上的单元格内的数值求平均数。如果要对该单元格左侧的所有值进行求和，则须输入"＝Sum（Left）"。此外，括号内还可以输入具体数值或单元格位置，单元格的位置表示法与 Excel 类似。如在此案例中，该公式还可以表示为"＝Average（D2：D6）"。

图 3－88　公式对话框

十、表格与文字之间的转换

在 Word 2010 中，用户可以很容易地实现文本与表格之间的转换。

若要将表格转为文本，选中需要转换为文本的单元格。如果需要将整张表格转换为文本，则只需单击表格任意单元格。在"表格工具"功能区切换到"布局"选项卡，然后单击"数据"分组中的"转换为文本"按钮，如图 3－89 所示。

图 3－89　表格转换为文本

　　若要将文本转为表格，则必须选中待转换的文本，单击"插入"选项卡的"表格"按钮，在打开的"表格"下拉面板中选择"文本转换成表格"命令，打开"将文字转换成表格"对话框，如图 3 – 90 所示。

图 3 – 90　文本转换为表格

　　下面将杜甫的名篇《佳人》的文字转换为表格，如图 3 – 91 所示。

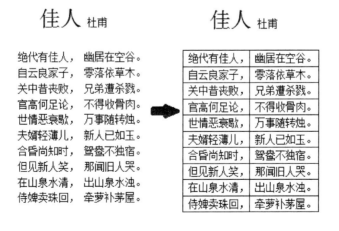

图 3 – 91　将文本转换成表格

　　选中诗歌段落文本，单击"插入"选项卡的"表格"按钮，在打开的"表格"下拉面板中选择"文本转换成表格"命令，打开"将文字转换成表格"对话框，如图 3 – 92所示。

图 3 – 92 "将文字转换成表格"对话框

该文本中的每一句都是用逗号分隔，但是此处的逗号是全角逗号，系统默认的是半角逗号，所以在"其他字符"中输入" "（空格）或直接选择空格，单击"确定"按钮，效果如图 3 – 91 所示。

任务七 其他用途与功能

📖 知识与能力目标 ⌐

1. 掌握邮件合并的具体操作方法。
2. 熟悉基本的审阅功能。

一、邮件合并

（一）邮件合并简介

利用 Word 的邮件合并功能，可以批量打印生成具有相同格式（版式）但内容不同的版面，如批量打印信封、表格、奖状等。利用 Word 强大的排版功能进行版面版式的布局排版，制作出模板。在其中插入域，通过域读取 Word、Excel、Access 文件中的数据源（如地址、姓名、日期、等次、活动主题等），然后自动批量生成所需要的所有表格、信封或奖状。

（二）邮件合并的基本步骤

先建立两个文档：一个 Word 包括所有文件共有内容的主文档（如未填写的信封等）和一个包括变化信息的数据源（填写的收件人、发件人、邮编等），然后使用邮件合并功能在主文档中插入变化的信息，合成后的文件用户可以保存为 Word 文档。

下面通过具体实例来演示邮件合并的操作方法。

一同学的毕业论文被评为优秀论文，学校规定凡是获得优秀论文的毕业生，都可以获得一张荣誉证书，由于获得"优秀论文"称号的毕业生数量比较多，将每个人的信息都输入太麻烦，因此可以利用邮件合并的方法来简化操作，邮件合并的具体操作如下：

1. 建立主文档，证书的主文档如图 3 – 93 所示。

优 秀 论 文 荣 誉 证 书

××专业××同学：

　　你的毕业论文《××××》得到专家们的一致认可，被评为优秀论文。

　　特发此证，以兹鼓励。

教务处

2016 年 7 月 6 日

图 3 – 93　证书的主文档

2. 必须要有数据源。在本例中，数据源是获得优秀论文的学生基本信息，这些信息一般都保存在 Excel 表格中，如图 3 – 94 所示。

	A	B	C
1	姓名	专业	题目
2	张某某	法律事务	未成年人犯罪量刑研究
3	王某某	司法信息技术	APP打车软件评分系统
4	马某	刑事执行	减刑假释的量化标准研究
5	李某某	司法信息安全	加密技术在ASP中的应用

图 3 – 94　数据源

3. 选择并打开数据源，在"邮件"选项卡"开始合并邮件"组中选择"选择收件人"，单击"使用现有列表"按钮即可，如图 3 – 95 所示。此后会弹出一个对话框，只需找到数据源的具体位置并打开它即可。

图 3 – 95　选择并打开数据源

4. 插入并合并域，先把光标移动至合适位置，然后在"邮件"选项卡"编写和插入域"组中选择"插入并合并域"，选择正确的域即可，具体操作如图 3-96 所示。操作完成后的文档如图 3-97 所示。

图 3-96　插入并合并域

优秀论文荣誉证书

《专业》专业《姓名》同学：

你的毕业论文《《题目》》得到专家们的一致认可，被评为优秀论文。

特发此证，以兹鼓励。

教务处

2016 年 7 月 6 日

图 3-97　插入完毕后的文档

5. 进行邮件合并，选择"完成并合并"后单击"合并到单个文档"，会弹出如下对话框，如图 3-98 所示，单击"确定"。

图 3-98　合并到新文档

6. 合并完成。在大纲视图下，各页是通过分页符（下一页）分开的，如图 3-99 所示。

- 优秀论文荣誉证书
- 法律事务专业张某某同学:
- 　　你的毕业论文《未成年人犯罪量刑研究》得到专家们的一
  致认可，被评为优秀论文。
- 　　特发此证，以兹鼓励。
- 教务处
- 2016 年 7 月 6 日

·····································分节符(下一页)·····

- 优秀论文荣誉证书
- 司法信息技术专业王某某同学:
- 　　你的毕业论文《APP 打车软件评分系统》得到专家们的一
  致认可，被评为优秀论文。
- 　　特发此证，以兹鼓励。
- 教务处
- 2016 年 7 月 6 日

·····································分节符(下一页)·····

- 优秀论文荣誉证书
- 刑事执行专业马某同学:
- 　　你的毕业论文《减刑假释的量化标准研究》得到专家们的

图 3 - 99　合并完成后的文档

二、审阅功能

审阅功能是 Word 2010 提供给用户的一项重要功能。用户通过该功能可以完成拼写语法检查、字数统计、编辑批注、中文简繁体转换、修订等一系列操作。

（一）拼写和语法检查

Word 2010 自带了拼写和语法检查器，可自动对用户的拼写与语法进行检查。通常来讲，对用户的拼写错误，Word 2010 会自动添加红色波浪形标注；对于语法错误，Word 2010 则会自动添加绿色波浪形标注，如图 3 - 100 所示。

These pearr are red. 这些梨红色的。
There are a book in the box. 箱子里面有有一本书。
The boy don't have a bike at all. 那个男孩没有一自行车也没有。

图 3 - 100　"拼写和语法"检查标识

将光标移动至红色或绿色波浪线处，并单击鼠标右键，弹出的快捷菜单中包含修改建议，如图 3 - 101 所示。或在"审阅"选项卡的"校对"组中单击"拼写和语法"按钮，随后弹出"拼写和语法"对话框，中文对话框如图 3 - 102 所示、英文对话框如图 3 - 103 所示。用户可根据需要接受修改意见或选择忽略。

图 3-101 "拼写和语法"修改建议

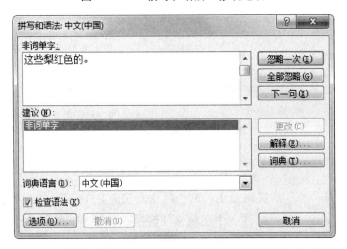

图 3-102 "拼写和语法"对话框（中文）

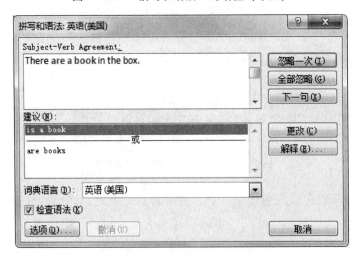

图 3-103 "拼写和语法"对话框（英文）

（二）字数统计

Word 2010 为用户提供了字数统计功能，方便用户统计字数。具体操作步骤如下：

1. 先选定需要统计的文字，如果要对全文进行字数统计，可以不选定。

2. 在"审阅"选项卡的"校对"组中单击"字数统计"按钮，如图 3 – 104 所示。

图 3 – 104 "字数统计"的位置

3. 弹出的对话框可让用户清楚地看到统计结果，如图 3 – 105 所示。

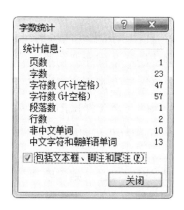

图 3 – 105 "字数统计"结果

（三）批注的设置

文章的批注是阅读文章后在纸张空白处写的批语和注释，批注起到提醒的作用，可用来帮助读者掌握文章内容。为文章添加批注可在"审阅"选项卡下的"批注"组中完成，如图 3 – 106 所示。

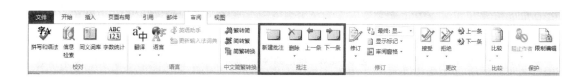

图 3 – 106 设置批注

图 3 – 107 是《林黛玉进贾府》一文中读者对文章某段设置的批注，下面通过该实例讲解设置批注的基本方法。

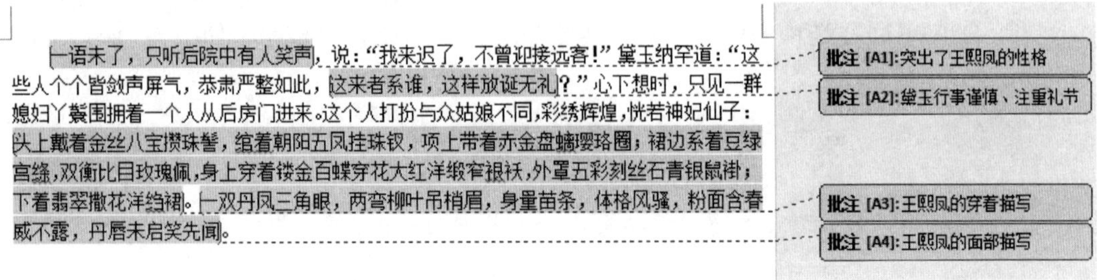

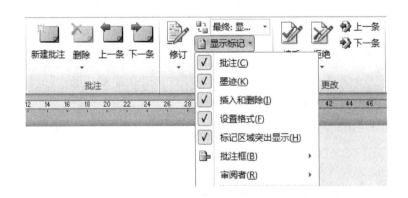

图 3 – 107 "林黛玉进贾府"一文的批注

1. 选定需要设置批注的文字，选定"一语未了，只听后院中有人笑声"，在"审阅"选项卡的"批注"组中点击"新建批注"，即可在一旁添加批注"突出了王熙凤的性格"。其他几条批注的添加方法也类似。

2. 如果需要修改批注内容，直接点击批注内容即可修改。修改完成后可点击"上一条"或"下一条"进行前一条/后一条批注的切换。

3. 如果需要删除文中某一条批注，则需要选定该批注，然后点击"批注"组的"删除"按钮或用鼠标右键点击该批注，在弹出的快捷菜单下选择"删除批注"即可。如果需要删除文档中的全部批注，则点击"删除"的下拉箭头，在弹出的菜单中选择"删除文档中的所有批注"即可。

4. 如果需要对批注进行隐藏/显示操作，则需要在"修订"组中单击"显示标记"下拉菜单，如图 3 – 108 所示，取消后，批注会隐藏；勾选后，批注会显示。

图 3 – 108 批注的隐藏/显示

（四）文档的修订

修订功能是 Word 2010 提供给用户的一个重要功能，主要用来对他人的文档进行修改同时保留修改痕迹供他人参考。该功能常用于老师为学生修改文章、上级为下级修改报告等。修订功能可以通过"审阅"选项卡"修订"组下的"修订"按钮来实现，如图 3 – 109 所示。

图 3 – 109　批注的隐藏/显示

例如，一段话中成语使用错误，需要对其进行修改，要把"昨日黄花"修改为"明日黄花"。

使用"修订"功能的具体操作的步骤如下：

首先需要进入"修订"状态，进入"修订"状态的方法有三种：一是直接点击"修订"图标，二是点在"修订"下拉菜单选择"修订"功能，三是直接使用 CTRL + Shift + E 快捷键。

进入修订状态后，用户开始对文章进行修改，Word 也会记录用户的修改痕迹。在本例中，需要把"昨日"改为"明日"，"修订"状态下修改痕迹如图 3 – 110 所示。

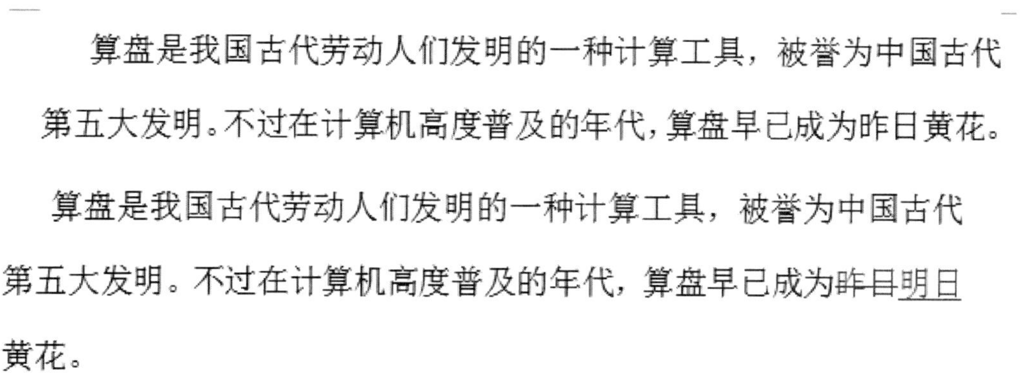

算盘是我国古代劳动人们发明的一种计算工具，被誉为中国古代第五大发明。不过在计算机高度普及的年代，算盘早已成为昨日黄花。

算盘是我国古代劳动人们发明的一种计算工具，被誉为中国古代第五大发明。不过在计算机高度普及的年代，算盘早已成为昨日明日黄花。

图 3 – 110　修改痕迹

如果需要退出"修订"状态，只需将上述进入"修订"状态的操作重复一遍即可。

例如，文章修改完成并保存后，老师将文档再发送给李明。李明打开文章后可清楚地看到老师所有的修改痕迹，他在"审阅"选项卡下"更正"组中可选择接受或拒绝老师的修订，如图 3 – 111 所示。如果他选择接受，Word 将按照修订后内容进行修改，同时修改痕迹会消失；如果他选择拒绝，Word 将会恢复到修订前的状态，修改痕迹同样也会消失。如果完成一条修订的接受/拒绝操作后，要对前一条或后一条修订进行"接受/拒绝"操作，只需点击"上一条"或"下一条"进行切换即可。如果全部接受或全部拒绝文章的修订，只需点击"接受"或"拒绝"的下拉菜单，选择"接受对文档的所有修订"或"拒绝文档的所有修订"即可。

图 3 – 111　接受或拒绝修订

如果论文被多位老师修改，每个老师都要保留自己修订的痕迹，此时只需打开"修订选项"对话框进行修订的设置。在"审阅"选项卡下"修订"组中单击"修订"下拉菜单并选择"修订选项"即可，弹出的"修订选项"对话框如图 3 – 112 所示，只需在弹出的下拉菜单中选择"更改用户名"即可。

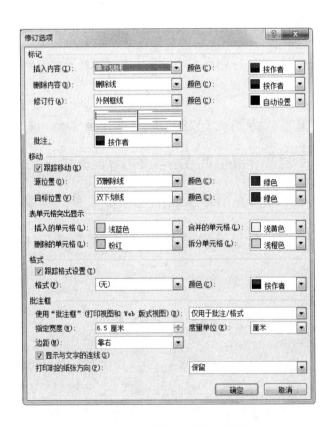

图 3 – 112　"修订选项"对话框

习　题

一、选择题

1. Word 2010 属于（　　　）。

A. 系统软件　　　　B. 应用软件　　　　C. 系统软件和应用软件　　D. 以上均不正确

2. 下列不属于 Word 2010 的保存类型的是（　　　）。

A. DOC　　　　　　B. DOCX　　　　　　C. PDF　　　　　　D. PPT

3. 在 Word 2010 中，打印的快捷键是（　　　）。

A. CTRL + O　　　B. CTRL + N　　　C. CTRL + P　　　　D. CTRL + X

4. 若要调解字符间的间距，则需打开（　　　）对话框。

A. 字体　　　　　　B. 段落　　　　　　C. 样式　　　　　　D. 编辑

5. 在 Word 2010 中，复制或剪切的文字和图形将临时存放于（　　　）中。

A. 硬盘　　　　　　B. 文档　　　　　　C. 剪切板　　　　　D. 回收站

6. Word 2010 提供了简繁中文的相互转换，该功能位于（　　　）选项卡中。

A. 开始　　　　　　B. 引用　　　　　　C. 邮件　　　　　　D. 审阅

7. 表格公式中的 Average 函数用来求（　　　）。

A. 方差　　　　　　B. 总数　　　　　　C. 平均数　　　　　D. 对数

8. 下列视图中，可以对各级标题进行升级/降级的是（　　　）。

A. 大纲视图　　　　B. 页面视图　　　　C. 普通视图　　　　D. 草稿

9. "首字下沉"的功能位于（　　　）。

A. "开始"选项卡的"字体"组中　　B. "开始"选项卡的"段落"组中

C. "插入"选项卡的"插图"组中　　D. "插入"选项卡的"文本"组中

10. Word 2010 默认的纸张大小和方向是（　　　）。

A. A3、横向　　　B. A3、纵向　　　C. A4、横向　　　　D. A4、纵向

11. 若要在 Word 2010 中插入公式，可采取的方法是（　　　）。

①插入—插入—图片　②插入—文本—对象　③插入—符号—公式

A. ①②③　　　　　B. ②③　　　　　　C. ③　　　　　　D. 以上均不正确

12. 在使用 Word 2010 的拼写语法校对功能时，语法错误将以（　　　）显示。

A. 绿色单波浪线　B. 绿色双波浪线　C. 红色单波浪线　　D. 红色双波浪线

13. 关于文字大小，下列说法正确的是（　　　）。

①字号越大，文字越大　　　　　②字号越小，文字越大

③磅值越大，文字越大　　　　　④磅值越小，文字越大

A. ①③　　　　　　B. ①④　　　　　　C. ②③　　　　　D. ②④

14. 若需设置文档各页的页眉不同，则需对文档进行（　　　）。

A. 分节   B. 分页   C. 分段   D. 分行

15. 在 Word 中，若使用 Shift + Enter 快捷键，则效果是（   ）。

A. 分行分段   B. 分行不分段   C. 分段不分行   D. 不分段不分行

二、填空题

1. 在 Word 2010 下编辑的文档若要用 Word 2003 打开，则需把保存类型设置为_____。

2. 在进行段落格式设置时，如果需要将一行的文字根据字数平均分布于该行，则需要使用_____对齐。

3. Word 2010 中，跟踪超链接的方法是按住_____键盘，并单击鼠标_____键。

4. 在对表格中的数据进行排序时，最多可以设置_____个关键字。

5. 在调整图片大小时，若需要将图片设定为与原图完全相似，则需选定_____。

6. 编辑 Word 文档时，有时需要将文中多次重复出现的某个词改成另外一个词，则需用 Word 提供的_____功能。

7. 在批量处理主文档内容相同而具体数据有变化的文件时，通常需要用_____功能。

8. Word 2010 的文档修订功能位于_____选项卡下。

9. 如果要将同一种格式进行多次复制，则需_____格式刷。

10. Word 2010 中的默认字体字号为_____。

三、实训题

请利用 Word 2010 自行制作录取通知书母版，具体要求如下：

1. 纸张大小为标准 A4 纸，纸张方向为横向，页边距为普通。

2. 为页面设置水印，水印文字为"录取通知书"，文字颜色为红色，版式为斜式，背景填充纹理为信纸，页边框为五颗心形。

3. 请录入以下文字，字体为仿宋_ GB2312，字号为三号，行间距设置为固定值25磅，其中××校区要加下划线。

编号：××
考生号：××
身份证号：××
××同学：

     经××省招生委员会批准，你被录取到我院××专业学习（××科、学制×年）。报到时间定于××到××两天，凭本通知书及居民身份证到学院××校区报到。

院长签章：   ××学院   考生户口所在地公安派出所
                     ×年×月×日   （盖章）

4. 将母版保存为"通知书母版 . DOC"

5. 利用邮件合并功能制作 1000 份录取通知书，其中数据源为"录取名单 . XLS"，将通知书母版中的××填好。

6. 把合并好的文档保存为"正式通知书 . DOC"。

模块四

表格处理软件Excel 2010

电子表格处理软件 Excel 2010 是 Office 2010 工具中的一个很重要的组件，具有相当强大的表格处理能力。利用这款软件可以方便地制作出各种电子表格，可以格式化表格，使用公式和函数对数据进行复杂的运算，创建图表来表示数据，对数据进行排序、分类汇总和筛选，等等；利用超级链接功能，用户可以快速打开网络上的 Excel 文件，与其他用户实现共享。

Excel 可以进行繁琐的表格处理和数据分析，主要应用于财务软件、工程数据等方面，它具有以下主要功能：

1. 制作表格。在 Excel 中可以使用表格边框工具栏、格式对话框等多种方法绘制表格。一般需要大量计算（如工资表、成绩表等）或需要对数据进行分析处理（如查询符合条件）的表格大多在 Excel 里完成。而 Word 更适合完成以文字为主的表格，如成绩表、简历表、学籍表等。

2. 表中计算。在 Excel 中可以使用公式、函数完成数据的运算，并且 Excel 中包含几百个函数，这几百个函数用于完成不同类型的数据计算，如数学和三角函数、财务函数、概率分析函数、查找引用函数等。

3. 数据处理及分析。像其他数据库软件创建的数据库一样，Excel 数据也可以方便地对数据进行修改、添加、删除、排序、查询、分类汇总等。

4. 图表制作。图表比数据表格更能直观地体现数据的变化趋势。在 Excel 中，用户可以方便地将数据表格生成各种二维或三维的图表，如柱形图、条形图、折线图等。

本部分将通过知识点和实例来详细讲解 Excel 2010 的相关应用。

任务一　Excel 2010 概述

📖 知识与能力目标

1. 掌握 Excel 2010 的启动与退出。
2. 认识 Excel 2010 的工作界面。

一、Excel 的启动与退出

（一）启动 Excel 的常见方法

1. 单击"开始"→"所有程序"→"Microsoft Office"→"Microsoft Excel 2010"命令，启动 Microsoft Excel 2010。

2. 双击桌面上 Excel 的快捷方式图标。

3. 双击任意一个 Excel 文件图标，在启动 Excel 应用程序的同时，也打开相应的文件。

（二）退出 Excel 的方法

1. 选择"文件"选项卡→"退出"命令。

2. 快捷组合键 Alt + F4。

3. 单击标题栏右侧的关闭按钮。

4. 双击标题栏左侧的控制菜单图标。

5. 单击控制菜单图标或右击标题栏，弹出 Excel 窗口的控制菜单中选择"关闭"命令。

二、Excel 的工作界面

如图 4 - 1 所示，Excel 2010 的界面与 Word 2010 很类似，由选项卡、标题栏、功能区、列标题、行标题、名称框、编辑栏、工作表标签和状态栏等组成。

1. 选项卡。分别有"开始""插入""页面布局""公式""数据""审阅""视图""开发工具"等。

2. 标题栏。该栏位于窗口最上端的一栏，该栏最左端是"控制菜单"图标，中部用于显示当前工作簿和程序名称，最右端是应用程序窗口的三个控制按钮：最小化、最大化和关闭按钮。

3. 功能区。该区位于标题栏下方，由选项卡、组和命令选项组成。默认有"文件""开始""视图"等选项卡，例如，"文件"选项卡集中了工作簿文件的新建、保存、打开、打印等选项；每个选项卡分为不同的组，每单击一个选项卡，在其下方就会出现和选项卡相关的组。组是由功能类似的一系列相关命令组成的，例如，在"字体"组中包括字体、字形、字号、边框、底纹、字体颜色等命令选项，单击"字体"组右下角的对话框将弹出"设置单元格格式"对话框，可以设置单元格的各种格式。

4. 编辑栏。该栏用于显示当前单元格的数据和公式。

5. 名称框。Excel 名称框可以实现快速对单元格区域的选取、快速命名单元格或单元格区域以及简化公式写法。

6. 工作表标签。位于工作簿窗口的左下角，默认名称为 Sheet1、Sheet2、Sheet3……单击不同的工作表标签可在工作表间进行切换。

图 4 – 1　Excel 2010 界面

7. 状态栏。该栏位于窗口底部，显示了当前窗口操作或工作状态，用于工作表的视图切换▦▢▤和缩放显示比例。如修改某单元格内容时，状态栏上显示"编辑"，按 Enter 键后，状态栏上显示"就绪"。单击 100% 按钮，可以弹出"显示比例"对话框。

任务二　工作簿和工作表的基本操作

✍️ 知识与能力目标 ⌐

1. 掌握工作簿的新建、保存、保护以及视图等操作方法。
2. 掌握工作表的新建、删除、改名、复制和移动等操作方法。

每个 Excel 文件称之为一个工作簿。每个工作簿包含一张或多张工作表（表格），最多可以有 255 张工作表。每张工作表都是一个由若干列和行组成的二维表格，Excel 2010 最多可以有 16 384 列（列标题以 A、B、…、AA、AB、…、XFD 表示）和 1 048 576 行

（行标题以 1、2、…、1 048 576 表示），每个列和行的交叉处所对应的格子称为单元格，可以向其中输入数据。活动单元格四周的边框加粗显示。每个单元格用其所在的列标题和行标题命名，称为单元格地址。如工作表的第 1 列、第 1 行的单元格用 A1 表示，第 6 列第 5 行的单元格用 F5 表示。默认的空白工作簿文件名是"Book1.xlsx"，其下面包含三张空白的工作表 Sheet1、Sheet2、Sheet3。

一、工作簿的基本操作

（一）新建并保存工作簿

新建一个 Excel 工作簿，文件名为"班级信息登记表.xlsx"，将该工作簿的 Sheet1 工作表命名为"学生基本信息"，并保存到自己的工作目录，操作步骤如下：

1. 启动 Excel。单击"开始"→"所有程序"→"Microsoft Office"→"Microsoft Excel 2010"命令，启动 Microsoft Excel 2010。

2. 单击"文件"选项卡的"新建"组，打开"新建"功能区。

3. 选择"空白工作簿"，然后单击"创建"按钮。

4. 双击工作表名称 Sheet1，将工作表名改为"学生基本信息"。

5. 单击快速访问工具栏的"保存"按钮，在弹出的"另存为"对话框中选择工作簿的保存位置，并输入文件名"班级信息登记表"，单击"保存"按钮，即可将当前工作簿保存为"班级信息登记表.xlsx"。

（二）工作簿的保护

有些时候，我们不希望其他人修改自己的工作簿，这时可以使用 Excel 的保护工作簿功能将工作簿保护起来。

切换至"审阅"选项卡，单击"更改"选项组中的"保护工作簿"按钮，在弹出的保护工作簿对话框中进行设置，选择结构或者窗口，设置密码。保护工作簿后，无法对工作表进行移动、添加、删除、隐藏、重命名等行为。

（三）工作簿的打开和关闭

1. 打开工作簿。当用户需要编辑某一工作簿的时候，可用如下方法打开：

（1）找到相应的工作簿文件后，双击打开，或者右击执行"打开"命令。

（2）首先启动 Excel 应用程序，然后选择"文件"→"打开"命令，在对话框中选择文件所在位置即可打开。

（3）打开最近使用的文档，启动 Excel 应用程序后选择"文件"→"最近使用文件"命令，在右侧将显示出最近使用过的文件，选择相应的文件打开即可。

2. 关闭工作簿。在对工作簿内容编辑完成后，用户想要关闭工作簿窗口，但不退出 Excel 应用程序窗口，可以使用如下方法：

（1）单击工作簿窗口控制按钮的关闭按钮。

（2）执行"文件"→"关闭"命令。

（四）工作簿的视图方式

Excel 2010 的视图模式主要有普通视图、页面布局、分页预览、自定义视图、全屏显示。

普通视图：默认视图，可方便地查看全局数据及结构。

页面布局：页面必须输入数据或选定单元格才会高亮显示，可以清楚地显示每一页的数据，并可直接输入页眉和页脚内容，但数据列数多了（不在同一页面）查看不方便。

分页预览：清楚地显示并标记第几页，通过鼠标单击并拖动分页符，可以调整分页符的位置，方便设置缩放比例。

自定义视图：可以定位多个自定义视图，根据用户需要，保存不同的打印设置、隐藏行、列及筛选设置，更具个性化。

全屏显示：隐藏菜单及功能区，使页面几乎放大到整个显示器，与其他视图配合使用，按 ESC 键可退出全屏显示。

启动 Excel 后默认处于普通视图模式。切换视图模式的方法如下：

1. 单击"视图"选项卡，在"工作簿视图"选项组区域中单击相应按钮切换视图模式。

2. 单击 Excel 窗口状态栏中右下方视图方式按钮进行快速切换。

二、工作表的基本操作

（一）工作表的选定

1. 选择一个工作表。要选择一张工作表，把鼠标移到当前窗口左下角工作表的标签位置，如果看不到所需标签，单击标签滚动按钮，以显示要选定的标签，然后直接单击工作表的名称即可，如直接点击 Sheet1。

2. 选择多个工作表。要是选两张或多张相邻的工作表，首先单击第一张工作表的标签，然后在按住 Shift 的同时，单击要选择的最后一张工作表的标签。

要是选两张或多张不相邻的工作表，单击第一张工作表的标签，然后在按住 Ctrl 的同时，单击要选择的其他工作表的标签。

要是选工作簿中的所有工作表，首先右键单击某一工作表的标签，然后在快捷菜单（要显示快捷菜单，也可使用 Shift + F10 这种快捷方式）上点击"选定全部工作表"。在选定多张工作表时，会在工作表顶部的标题栏中显示"工作组"字样。要取消选择工作簿中的多张工作表，可单击任意未选定的工作表，或者右键单击某一工作表的标签，然后在快捷菜单（或者按下 Shift + F10）上点击"取消组合工作表"。

（二）工作表的插入与删除

1. 工作表的插入。若要在现有工作表的末尾快速插入新工作表，要单击屏幕底部的"插入工作表"。

若要在现有工作表之前插入新工作表，要选择该工作表，以右键单击现有工作表的标签，然后单击"插入"。在"常用"选项卡上，单击"工作表"，然后单击"确定"；或者在"开始"选项卡的"单元格"组中，单击"插入"，然后单击"插入工作表"。

若要一次性插入多个工作表，须按如下步骤操作：第一步，按住 Shift，然后在打开的工作簿中选择与要插入的工作表数目相同的现有工作表标签，例如，如果要添加三个新工作表，则选择三个现有工作表的工作表标签；第二步，在"开始"选项卡上的"单元格"组中，单击"插入"，最后单击"插入工作表"，也可以右键单击所选的工作表标签，然后单击"插入"，在"常用"选项卡上，单击"工作表"，然后单击"确定"。

2. 工作表的删除。在"开始"选项卡上的"单元格"组中，单击"删除"旁边的箭头，然后单击"删除工作表"。还可以右键单击要删除的工作表的工作表标签，然后单击"删除"。

（三）工作表的复制和移动

1. 工作表的复制。复制整个工作表不只意味着要复制工作表中单元格的数据，有时还需要复制该工作表的页面设置参数以及自定义的区域名称等。方法如下：

（1）移动鼠标指针到工作表标签上方，按住 Ctrl 键的同时拖动工作表到另一位置，松开 Ctrl 键和鼠标左键，即可在同一工作簿对整个工作表进行复制。

（2）在工作表标签上单击右键，从弹出菜单中选择"移动或复制工作表"，这时会出现"移动或复制工作表"对话框，可以将选定的工作表移动到同一工作表的不同位置，也可以选择移动到其他工作簿的指定位置，选中对话框下方的复选框"建立副本"，就会在目标位置复制一个相同的工作表。

（3）选择菜单命令"窗口｜重排窗口"，在"重排窗口"对话框中选择"排列方式"为"平铺"，单击"确定"按钮，然后仿照方法一按 Ctrl 键拖放工作表，则可将工作表从一个工作簿复制到另一个工作簿。

2. 工作表的移动。方法如下：

（1）单击需要移动的工作表标签，用鼠标拖动工作表标签到目标位置后松开鼠标即可。

（2）右击需要移动的工作表标签，执行快捷菜单中的"移动或复制工作表"命令，在弹出的对话框中选定要移动到的目标位置，如图 4 - 2 所示。

（3）执行"开始"→"单元格"→"格式"→"移动或复制工作表"命令，在弹出的对话框中选定要移动到的目标位置。

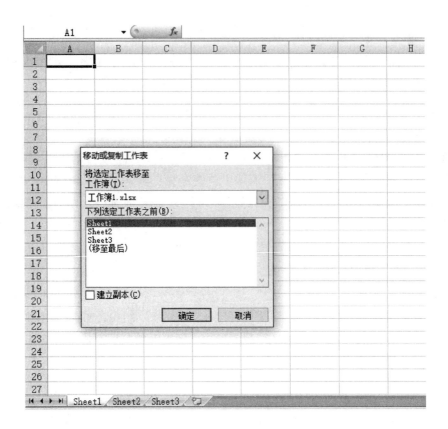

图 4－2　工作表的移动

（四）工作表的重命名和着色

1. 工作表的重命名。在 Excel 中默认的三个工作表分别是"Sheet1" "Sheet2" "Sheet3"，为了更快速和更方便地操作和归类，可以给 Excel 工作表重新命名。重命名的方法如下：

（1）打开 Excel 后，在选择菜单栏的"格式"中点击"重命名"，此时即可给工作表命名了，如图 4－3 所示。

（2）直接右键点击需要重命名的工作表标签，然后在菜单中选择"重命名"即可。

（3）直接用鼠标左键双击工作表标签，这时即可输入所需的名称了。

2. 工作表标签的着色。表格的工作表标签着色的功能可以让不同类型的工作表一目了然，在提升效率的同时又能有效避免重复操作所带来的失误。着色的操作步骤如下：

打开工作簿，在需要设置标签颜色的工作表名称上点击鼠标右键，在弹出的快捷菜单中鼠标左键点击"工作表标签颜色"菜单；会弹出"主题颜色"设置的子窗口，如选择红色小方框，则工作表标签将变为红色，如图 4－4 所示。

图 4 - 3　工作表重命名

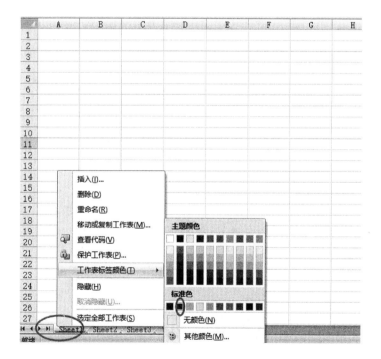

图 4 - 4　工作表着色

（五）工作表的隐藏和取消隐藏

在 Excel 的日常应用中，工作表暂时不使用或者有隐私不想被别人看到但是以后还会使用时，就可以把工作表先隐藏起来，等到要用的时候再显示。下面介绍如何隐藏和显示工作表。

1. 工作表的隐藏。方法如下：

（1）选定活动窗口→"开始"→"格式"→"隐藏和取消隐藏"。

（2）选择要隐藏的工作表，右击鼠标，在弹出的快捷菜单里选择"隐藏"命令即可。

2. 工作表的取消隐藏。在要用到被隐藏的工作表的时候，需要将工作表显示出来。方法如下：

点击选项卡"开始"，找到"格式"点击展开后找到"隐藏和取消隐藏"，选择取消隐藏工作表，在弹出的对话框中选择需要显示的工作表即可。

同理，可以右击鼠标，在弹出的快捷菜单里选择"取消隐藏"命令，在弹出的对话框中选择需要显示的工作表即可。

（六）工作表的拆分

当 Excel 工作表数据较多的时候，为了方便在编辑同一张表格的不同部分时可以浏览到其他单元格区域，需要将工作表横向或者纵向拆分。拆分方法如下：

1. 利用鼠标拖动按钮。用鼠标拖动水平拆分按钮，则可以将工作表拆分为左右两个窗口，用鼠标拖动垂直拆分按钮，则可以将工作表拆分为上下两个窗口。在拆分后，工作表的两个窗口之间有分隔线，当拖动分隔线到工作表四周任意顶端时即可取消对工作表的拆分。

2. 使用命令按钮进行拆分。切换功能区选项卡为"视图"，然后单击"窗口"选项的拆分命令按钮，则可将工作表窗口拆分为四个，当再一次点击该按钮时即可取消拆分。

任务三　单元格的基本操作

🖱️ 知识与能力目标 ⌐

1. 了解工作表中单元格地址的含义。

2. 掌握工作表中单元格的选取、命名、插入与删除等操作。

3. 掌握单元格数据的输入、查找与替换。

4. 学会窗口的冻结和单元格的保护。

5. 学会对单元格的数据进行有效性设置。

一、单元格地址与单元格选择

为了便于访问工作表中的单元格，每个单元格都用其所在的列标题和行标题来标识，称为单元格地址。关于单元格地址的引用可分为相对引用和绝对引用两种。相对引用是指当把公式复制到其他单元格时，公式中引用的单元格或单元格区域中代表行的数字和代表列的字母会根据实际的偏移量相应改变。绝对引用是指当把公式复制到其他单元格时，公式中引用的单元格或单元格区域中行和列的引用不会改变。绝对引用的单元格名称中其行和列之前均会加上＄以示区分，如＄A＄4表示绝对引用A4单元格。

当选择了某个单元格时，该单元格对应的行标题和列标题会用突出颜色特别标识出来，名称框中显示该选择的单元格地址，编辑框中显示该选择的单元格中的内容，如图4-5所示。

图 4 - 5　单元格地址

要在单元格中输入内容，需要先选择该单元格。默认情况下，单元格中输入的内容以一行来显示。

如果要选择多个连续的单元格，可以先选择第一个单元格（如F2），按下鼠标左键，拖动鼠标到最后一个需要被选择的单元格（如H5），松开鼠标即可完成选定操作。

如果要选择不连续的单元格区域，首先选择第一个单元格，按住Ctrl键的同时逐一单击其余单元格即可。

如果要选择整行或者整列，将鼠标置于需要选择的行号上或者列号上，等鼠标变成向右箭头或者向下箭头时，单击鼠标即可完成对整行或者整列的选择。

如果要选择整张工作表（即全部单元格），单击工作表左上角行号与列号交叉处的全部选定按钮即可选定，也可以使用快捷键Ctrl + A选定全部单元格。

二、单元格及单元格区域的命名

在使用 Excel 过程中，为了记忆的方便，有时候需要给单元格或者单元格区域定义一个名称，对单个单元格的自定义命名方法如下：

1. 选定需要命名的单元格，然后在"名称框"中输入名称，按回车键即可完成命名。

2. 选定需要命名的单元格，然后右击鼠标，在快捷菜单中选择"命名单元格区域"，在出现的对话框中输入名称后确定即可，如图 4-6 所示。

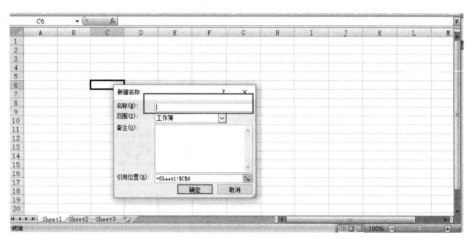

图 4-6 单元格命名

三、单元格中数据的输入

（一）文本数据的输入

文本数据的输入是指在单元格中输入的内容是字符或者汉字等数据。在单元格 A1 中，输入"计算机应用基础课程"，单元格编辑栏的内容即变成"计算机应用基础课程"。如图 4-7 所示。

图 4-7 文本数据的输入

（二）数字数据的输入

1. 长数字的输入。当单元格中的数字过长时，将以科学计数法显示，并自动调整到 11 位数。在单元格 A1 中，输入号码 432302199410080933，会发现输入的号码显示为 4.32302E+17；单元格编辑栏的内容变成了 432302199410080000，如图 4-8 所示。

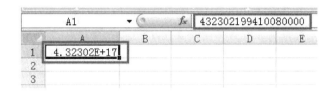

图 4-8　数字数据的输入

这是因为 Excel 工作表的单元格默认的数据类型是"常规"，在单元格中输入"432302199410080933"时，系统自动判断其为数字型数据，因此以科学计算法来表示该数据。

2. 文本格式数字的输入。在实际中，像身份证号码、学号等信息，尽管表面上是数字，但实际上是文本型数据，因此，用户不希望系统自动将其认为是数字型数据。要改变此类数据的格式有两种方法：①在数字型文本数据前添加英文单引号"'"；②将该单元格的格式设置为"文本"。

所以，实现身份证号码的正确显示的操作是，首先输入英文单引号"'"，然后输入身份证号 432302199410080933。

3. 分数的输入。当输入的分数中分母小于 31 的时候，需要在分子前面添加数字 0和空格。例如，输入 2/7 时，应先输入数字 0，然后输入一空格，再输入 2/7。

4. 时间和日期的输入。当输入日期时，年、月、日之间用斜杠"/"或连字符"-"隔开，如 2016/8/26，或者 2016-8-26。

当输入时间时，时、分、秒之间需要用冒号"："隔开，例如 15：30。

当输入的内容既有日期也有时间的时候，日期和时间之间用空格隔开。系统默认是以 24 小时制来显示输入的时间，如果要输入 12 小时制的日期和时间，可以在时间后面添加一个空格，然后输入代表上午的 AM 或代表下午的 PM。

（三）自动填充数据

当表格中的行或列的部分数据是相同的或者形成了一个序列时（所谓序列，是指行或者列的数据有一个相同的变化趋势。例如，数字 1、2、3……；时间 1 月 1 日、2月 1 日……），就可以使用 Excel 提供的自动填充功能来快速填充数据。方法如下：

1. 选择可以形成序列的单元格或单元格区域后，移动鼠标到最后一个选择单元格的右下角，当鼠标变成填充柄"+"时，就可以用鼠标拖动它来进行自动填充了。

2. 先在一个单元格中输入数据，然后选择需要填充的所有单元格，执行"开始"→"编辑"→"填充"按钮，在其下拉列表中根据填充需要选择数据填充的方向。

例如，利用自动填充功能生成学号，学生的学号依次为 201611001、201611002、……。

从学号的编排规律可以看出：学号是连续的，后一个学号是在前一个学号的基础上加 1，因此，可以利用自动填充功能来实现。操作步骤如下：

1. 在 A2 单元格输入'201611001，在 A3 单元格输入'201611002。

2. 同时选定 A2 和 A3，然后鼠标指针指向 A3 单元格的填充柄（位于单元格右下角的小黑块），此时鼠标变为黑十字"+"，按住鼠标左键向下拖动填充柄，拖动过程中填充柄的右下方出现填充的数据，拖至目标单元格（A13）时释放鼠标，如图 4 - 9 所示。

	A	B	C	D	E
1	学号	姓名	出生日期	性别	高考成绩
2	201611001	罗某某	19941022	男	567
3	201611002	翁某某	19940607	女	568
4	201611003	郭某某	19940813	男	634
5	201611004	李某甲	19940128	女	610
6	201611005	陆某某	19940209	女	633
7	201611006	石某某	19940519	男	617
8	201611007	廖某某	19940907	女	637
9	201611008	黄某某	19940615	男	641
10	201611009	李某乙	19940512	男	642
11	201611010	王某某	19940702	男	618
12	201611011	刘某某	19930815	女	650
13	201611012	杜某	19941001	男	599
14					
15					
16					

图 4 - 9　自动填充

四、单元格数据的查找与替换

在 Excel 工作表中存储了大量的数据，但有时我们只想要快速查找出指定范围的数据，例如，要在工作表中迅速找到那些含有指定字符、文本、公式或批注的单元格数据，此时，需要使用"查找"命令，通过定义查找条件来提高查找的准确度和效率。另外，也可以使用"替换"命令，在查找的同时自动进行替换，不仅可以用新的内容替换查找到的内容，还可以将查找到的内容替换为新格式。

（一）查找或替换特定数据

若只需要对工作表进行相关查找，则可通过按"Ctrl + F"组合键，或按菜单栏中的"开始"→"查找和选择"，弹出"查找和替换"对话框。

在查找内容文本框中输入要查找的内容，单击"查找下一个"逐个查找或单击"查找全部"一次性全文查找；如需要替换，通过按"Ctrl + F"组合键或者单击"替换"页签，然后在文本框中输入要替换的内容，再选择实现单个替换或一次性全部替换。

（二）选中包含公式的单元格

选择"开始"标签，依次单击"编辑"→"查找和选择"→"公式"，即可显示包含公式的单元格。

（三）单元格的格式替换

Excel 可以对具有某种格式的单元格进行查找，也可以使用另外的格式来替换找到的单元格格式。

在"查找和替换"对话框中，单击"选项"按钮，如图 4 – 10 所示。

图 4 – 10　单元格格式替换

分别在"查找内容"和"替换为"文本框中进行相应格式设置，即可实现单个替换或一次性全部替换。

五、单元格的插入和删除

在对 Excel 工作表进行数据处理的过程中，如果对单元格的位置不满意，可以通过插入和删除单元格的方法来更改单元格的位置。

（一）单元格的插入

Excel 2010 工作界面中，如要插入单元格，需要选中要插入位置的单元格，切换至"开始"选项卡，单击"单元格"选项组中的"插入"按钮，从弹出的菜单中选择"插入单元格"命令，如图 4 – 11 所示。此外也可以点击右键，在弹出的快捷菜单中选择"插入"，则可弹出对话框。

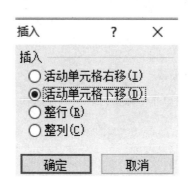

图 4 – 11　插入单元格

在"插入"对话框中选择相应的单选按钮，这里选中"活动单元格下移"单选按钮，单击"确定"按钮。

（二）单元格的删除

如要删除单元格，操作上和插入的操作类同，首先选中要删除位置的单元格，切换至"开始"选项卡，单击"单元格"选项组中的"删除"按钮，从弹出的菜单中选择"删除单元格"命令。此外也可以点击右键，在弹出的快捷菜单中选择"删除"，则可弹出对话框。

六、单元格合并与取消合并

（一）单元格的合并

首先，选择需要合并的单元格，然后切换至"开始"选项卡，单击"对齐方式"选项组中的"合并后居中"命令按钮即可，单击该按钮的下拉三角形按钮可以弹出下拉列表命令，最后用户根据具体需要选择确定后即可。

（二）单元格的取消合并

首先，选择已经合并的单元格；其次，切换至"开始"选项卡，单击"对齐方式"选项组中的"合并后居中"按钮的下拉三角形按钮可以弹出下拉列表命令；最后，在弹出的列表中选择"取消单元格合并"即可。

七、窗口冻结和单元格保护

给一个工作表输入数据时，在向下及向右滚动的过程中，尤其是当行、列标题行消失后，用户有时会记错各行、列标题的相对位置。为解决该问题，可以通过"冻结首行""冻结首列""冻结窗格"来实现将工作表的部分保留在屏幕上不动，而部分则可以滚动。

（一）冻结窗格

选择需要冻结的位置，切换到"视图"选项卡，在"窗口"组单击"冻结窗格"中的"冻结拆分窗格"按钮即可，如图 4 – 12 所示。此时工作表将被分为四部分，上下滚动工作表时，上半部分数据固定，左右滚动工作表时，左边部分数据固定。

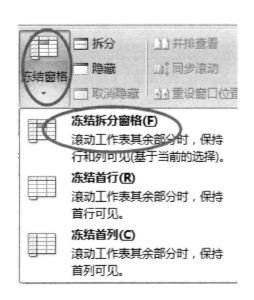

图 4 – 12　冻结窗格

（二）冻结首行

选择需要冻结的位置，切换到"视图"选项卡，在"窗口"组单击"冻结窗格"中的"冻结首行"按钮即可。此时工作表的第一行将被固定起来。

（三）冻结首列

选择需要冻结的位置，切换到"视图"选项卡，在"窗口"组单击"冻结窗格"中的"冻结首列"按钮即可。此时工作表的第一列将被固定起来。

（四）取消窗口冻结

当执行了冻结操作后，"视图"选项卡→"窗口"组→"冻结窗格"的第一项命令变成"取消冻结窗格",点击即可取消前面的设置。

（五）单元格保护

在使用 Excel 的时候，由于表格数据的重要性我们会希望把某些单元格锁定，以防他人篡改或误删数据，通过对这些指定的单元格进行锁定，就不能再进行修改了。Excel 应用程序会根据每个单元格是否被锁定来确定是否允许编辑，而所有单元格默认是被锁定的。因此，为了只对某些单元格进行锁定，需要先将所有单元格设置为不锁定，再将不允许编辑的单元格设置为锁定。这样，在保护工作表后，就只能对未被锁定的单元格进行编辑了。操作步骤如下：

1. 右击工作簿的行标题和列标题交接处的图标，在弹出的快捷菜单中选择"设置单元格格式"命令，弹出"设置单元格格式"对话框。

2. 选择"保护"选项卡，取消"锁定"和"隐藏"复选框，单击"确定"按钮，如图 4 - 13 所示。

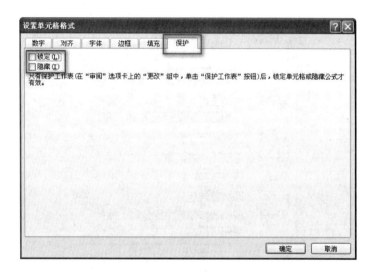

图 4 - 13 取消工作表所有单元格的锁定

3. 选择不允许编辑的单元格区域（如 A2：A13），单击鼠标右键，在弹出的快捷菜单中选择"设置单元格格式"命令，在"设置单元格格式"对话框的"保护"选项卡中，选择"锁定"复选框。

4. 选择当前工作表的任一单元格，切换到"审阅"选项卡，在"更改"组中单击"保护工作表"命令。

5. 在弹出的"设置保护工作表"对话框中选取"保护工作表及锁定的单元格内容"复选框。

6. 勾选"选定未锁定的单元格"复选框，清除勾选其他复选框，单击"确定"按钮，如图 4 - 14 所示。

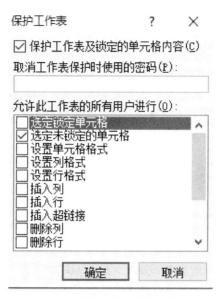

图 4－14　设置未锁定的单元格区域

八、单元格数据的有效性设置

默认情况下，Excel 对单元格的输入是不加任何限制的。但为了保证输入数据的正确性，可以为单元格或单元格区域指定输入数据的有效范围。例如，将数据限制为一个特定的类型，如整数、分数或文本，并且限制其取值范围。

（一）有效性设置

在输入性别时，单元格中只允许选择"男"或"女"。要限制单元格的输入内容、格式等，可以通过设置其有效性来实现。操作步骤如下：

1. 选择 A1 单元格，单击"数据"选项卡的"数据工具"组的"数据有效性"按钮，在弹出的菜单中单击"数据有效性"按钮，弹出"数据有效性"对话框。

2. 在"设置"选项卡的"有效性条件"区域的"允许"下拉列表中选择"序列"选项，在"来源"选项输入允许的序列数据"男，女"（该逗号为英文输入状态下的逗号），单击"确定"按钮。这样，A1 单元格就只能选择或输入"男"和"女"。当A1 输入其他数据时，系统会给出错误提示，如图 4－15 所示。

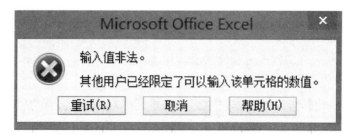

图 4－15　无效数据输入系统提示

（二）自定义数据有效性出错警告

如果需要某些单元格的输入范围为大于等于 1800，当输入错误时，想要给出"工资应大于等于 1800！"的提示，同时取消输入或要求重新输入。那么，操作步骤如下：

1. 选择相应的单元格，在数据有效性设置中，将"有效性条件"的"允许"设置为"整数"，"数据"选择"大于或等于"，最小值设置为 1800。

2. 在"标题"栏输入"输入错误"，在错误信息栏输入"工资应大于等于1800！"，单击"确定"按钮。这样，在输入错误时，将会给出自定义的出错警告内容。如图 4 - 16 所示。

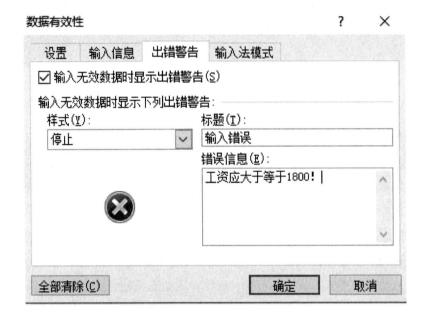

图 4 - 16　自定义数据有效性出错警告

任务四　工作表的格式化

📖 知识与能力目标

1. 掌握单元格格式设置。

2. 学会使用样式对工作表进行设置。

工作表的格式化是指设置工作表单元格或单元区域的格式，包括设置文本和数字格式、边框、行高列宽、颜色和背景等，目标是使工作表看起来更美观、排列更整齐以及重点更突出。

一、单元格格式设置

在 Excel 应用中可以通过"开始"选项卡的"字体"组来设置被选择的单元格（或单元格区域）的字体、字号、颜色、边框等；可以通过"开始"选项卡的"对齐方式"组来设置被选择的单元格（或单元格区域）中的内容相对于单元格的对齐方式，单元格内容的多行显示、合并居中（即将多个单元格合并成一个单元格）等；可以通过"开始"选项卡的"数字"组来设置被选择的单元格（或单元格区域）的数字显示格式；可以通过"开始"选项卡的"单元格"组来设置被选择的单元格（或单元格区域）的行高和列高等。

（一）字体和对齐方式的设置

方法如下：选择要设置格式的单元格或单元格区域，单击"开始"选项卡，然后执行相应选项组中相应命令按钮即可进行相关设置；也可以通过点击鼠标右键的快捷菜单中的"设置单元格格式"选项，在弹出的"设置单元格格式"对话框中进行相应的设置。具体操作方法见 Word 2010 相关章节。

（二）设置边框

在默认情况下，工作表中所显示的表格线是灰色，并不是边框线，在打印的时候也不会打印出来。如果想在打印的时候打印表格边框线，则需要为表格添加相应的边框线。例如，将表格的外边框设置为双细实线，内边框为细虚线，列标题行下边框为黑细实线，表格区域为 A1：J10 单元格区域。操作步骤如下：

1. 选择相应的单元格区域，单击鼠标右键，在弹出的快捷菜单中选择"设置单元格格式"命令，打开"设置单元格格式"对话框，选择"边框"选项卡，在"线条样式"中选择"双细实线"，单击"外边框"，将表格外边框设置为双细实线，如图 4－17 所示。

图 4－17　设置表格边框

2. 在"线条样式"中选择"细虚线"，单击"内部"，将表格内部边框设置为细虚线。

3. 将 A1：J1 单元格区域的下边框线条样式设置为"细实线"。

（三）设置行高和列宽

在实际应用中，常常会对 Excel 工作表中单元格的行高和列宽进行调整，操作方法如下：

1. 鼠标拖曳，把鼠标移动到需要调整的行号或列号分隔线的位置，当鼠标变成双向箭头时，拖动鼠标即可，此时双击鼠标可实现自动调整行高列宽。

2. 使用命令，选择需要调整行高或者列宽的单元格区域，单击"文件"选项卡的"单元格"组的"格式"按钮，在弹出的下拉列表中单击其中的"行高"或者"列宽"命令，最后在弹出的对话框中输入想要的行高或列宽数值即可。

（四）单元格颜色填充设置

单元格颜色填充的方法如下：

1. 使用选项组"字体"→"填充颜色"命令，选择要添加填充颜色的单元格或单元格区域，单击"开始"→"字体"→"填充颜色"按钮，在弹出的下拉列表选择相应的颜色即可。

2. 运用"设置单元格格式"的填充选项卡进行设置，单击"字体"选项组中右下角的"单元格格式"按钮，在打开的对话框中切换到"填充"选项卡，在对话框中可根据需要分别设置背景颜色、图案颜色和图案样式等。如图 4 - 18 所示。

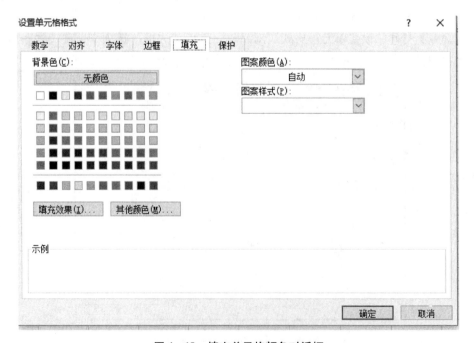

图 4 - 18　填充单元格颜色对话框

二、使用样式设置

在对 Excel 进行编辑的过程中，为了快速地设置单元格的各种格式，可以利用应用程序提供的样式功能。切换到"开始"选项卡的"样式"选项组，可以使用的样式按钮包括"条件格式""套用表格格式"和"单元格格式"。

（一）条件格式

点击条件格式下拉三角按钮，在弹出的下拉列表中的条件选项有"突出显示单元格规则""项目选取规则""数据条""色阶"和"图标集"。

1. 突出显示单元格规则。例如，为了便于查看所有女生，需要将性别为"女"的单元格用"绿填充色深绿色文本"标注出来，此时可以使用条件格式突出显示来实现。操作方法如下：

选择性别单元格区域 D2：D13，单击"开始"选项卡的"格式"组的"条件格式"按钮，选择"突出显示单元格规则"/"等于"，在弹出的"等于"对话框中，设置单元格中等于"女"的用"绿填充色深绿色文本"进行标注。如图 4－19 所示。

图 4－19　突出显示单元格

2. 项目选取规则。为了便于查看高分获得者，需要将排名在前 5 名的总成绩单元格用"浅红填充色深红色文本"标注出来，可以使用项目选取规则来实现。操作步骤如下：

选择总成绩单元格区域 F2：F15，单击"开始"选项卡的"格式"组的"条件格式"按钮，选择"项目选取规则"/"值最大的 10 项"，在弹出的如图 4－20 所示的"10 个最大的项"对话框中，将 10 调整为 5，设置为"浅红填充色深红色文本"，单击"确定"按钮。

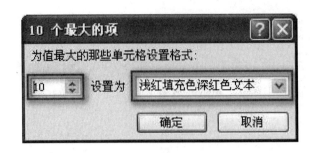

图 4 - 20   项目选取规则对话框

3. 数据条。数据条是用来帮助查看某个单元格相对于其他单元格中的值，其长度代表单元格中值的大小，即长度越长其代表的值越大。

4. 色阶。色阶用来帮助了解数据的分布与变化情况，分为双色刻度和三色刻度。双色刻度用两种颜色来比较数据，三色刻度用三种渐变颜色来比较数据。

5. 图标集。图标集的主要作用是对数据进行注释，并可按阈值将数据分为 3 ~ 5 个类别，每个图标代表一个值的范围。

（二）套用表格格式

套用表格格式是 Excel 自带的工作表样式，可以使用该功能快速设置整个工作表格式。

例如，对统计信息单元格进行格式化，信息统计区域单元格底纹相间为浅绿色和白色，可以通过套用表格格式来实现。操作步骤如下：

1. 选择相应的单元格区域。

2. 单击"开始"选项卡"样式"组的"套用表格格式"按钮。

3. 选择"表样式浅色 18"。

4. 在"套用表格式"对话框中勾选"表包含标题"。

5. 单击"确定"按钮，这时，就为统计信息自动添加上了表格样式。

（三）单元格样式

在 Excel 的样式应用中提供了许多预定义的单元格样式，通过应用单元格格式进行快速设置，可以提高工作效率并使得工作表格式规范统一。

单元格样式包括了五大类型，分别是"好，差和适中""数据和模型""标题""主题单元格样式"和"数字格式"等。切换"开始"→"样式"→"单元格样式"命令，在下拉的列表中选择相应的样式即可。如图 4 - 21 所示。

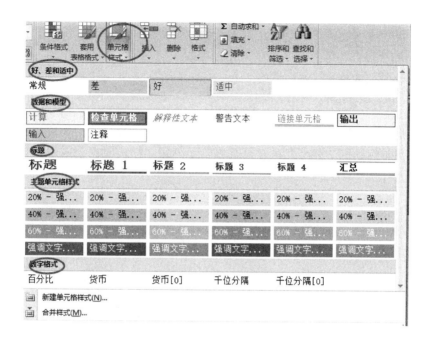

图 4 – 21 单元格样式

任务五 公式与函数

📖 知识与能力目标

1. 掌握 Excel 公式的概念、运算符以及单元格地址引用等。
2. 掌握 Excel 常用函数的结构以及应用。

一、公式

公式是 Excel 工作表中进行数值计算的等式，也是一个包含了操作数和运算符的数学公式。公式输入以 "＝" 开始，简单的公式有加、减、乘、除等计算。假设 D6 单元格等于 B1 单元格的值加上 C4 单元格的值，则 D6 单元格输入的公式为 "＝B1＋C4"。这表明 D6 单元格引用了 B1 单元格的数据和 C4 单元格的数据，将它们的和作为本单元格的内容。

（一）公式运算符

Excel 公式中的运算符主要有以下几类：

1. 算术运算符有加（＋）、减（－）、乘（＊）、除（／）和指数（^）。

2. 比较运算符有大于（＞）、大于等于（＞＝）、小于（＜）、小于等于（＜＝）、等于（=）和不等于（＜＞）。

3. 引用运算符有区域（:）、联合（,）和交叉（空格）。

4. 文本运算符有连接（&）。

（二）运算符的优先级

公式处理复杂数据时，用到的多个运算符的优先级是不同的。各个运算符的优先级顺序是：数学运算符＞字符串运算符＞比较运算符。默认根据公式中运算符的特定顺序从左到右计算公式。

（三）公式的复制

公式通常引用单元格计算数据，当对公式进行复制时就不是一般数据的简单复制。公式的复制功能通常是当用户要在多个单元格中使用相同的公式进行计算的时候使用的。方法如下：

1. 利用填充柄。移动鼠标至单元格右下角的填充柄上，鼠标变成十字形时，拖动鼠标到目标位置即可。

2. 利用"复制"和"粘贴"命令来完成。

（四）单元格地址引用

Excel 的公式与函数中的参数，可以是单元格地址或区域地址，以代表对应单元格或区域中的内容。当地址中的内容改变时，公式的结果会自动随之改变

Excel 中的地址概念，类似于数学中的变量概念，能给运算带来方便。单元格地址有不同的表示方法，可以直接用相应的地址表示。

单元格地址引用类型（三大地址）分别是：

1. 相对地址：如 A3，A4：A8 等形式，在复制该公式到其他单元格后，公式中的相对地址会发生相应的变化。

2. 绝对地址：如 $A$3，a4：$A$4 等形式，无论复制还是移动该公式到其他单元格，其中的绝对地址都保持原样，不会自行调整（地址被锁定了）。

3. 混合地址：如 $A3，A$3 等形式，在复制或移动包含混合地址的公式时，"绝对的部分"不变，"相对的部分"会变。

不同引用在公式复制时的变化情况如表 4-1 所示。

表 4-1　公式复制时地址的变化

公式单元格（A1）	目的单元格（C12）
A1 = B1 + C1	C12 = D12 + E12
A1 = $B$1 + $C$1	C12 = $B$1 + $C$1
A1 = $B1 + C$1	C12 = $B12 + E$1

不同的引用方式只有在公式复制时有不同的作用，各引用之间可通过在输入或编辑公式时利用 F4 键变换单元格地址的引用方式。方法是：首先选中公式中的某单元格地址，然后每按一次 F4 键，其地址就按相对、绝对、混合方式循环变化一次。

（五）公式常见出错类型

在 Excel 中输入公式的时候，可能会出现参数错误或者括号不匹配等错误。常见的错误类型如表 4 - 2 所示。

表 4 - 2　公式输入常见错误

出错信息	说　　明
#DIV/0!	公式中出现 0 作除数，可能是空单元格作除数引起的
#NAME?	引用了 Excel 不能识别的文本，输入错误或使用了未定义的名称
#NULL!	在不相交的区域中指定了一个交集
#NUM!	在公式或函数中使用了不适当的数字，如不在函数定义域中的数字
#REF!	单元格引用无效，如引用的单元格不存在
#VALUE!	错误的参数或运算对象，如数据的类型出错
######	数值长度超过了单元格列宽

二、函数

Excel 中所指的函数其实是一些预定义的公式，它们使用一些称为参数的特定数值按特定的顺序或结构进行计算。用户可以直接用它们对某个区域内的数值进行一系列运算，如分析和处理日期值和时间值、确定贷款的支付额、确定单元格中的数据类型、求和、计算平均值、排序显示和运算文本数据等。

（一）函数的结构

在学习 Excel 函数之前，我们需要对于函数的结构有必要的了解。函数的结构以函数名称开始，后面是左圆括号、以逗号分隔的参数和右圆括号。

函数的组成是：= 函数名（参数 1，参数 2，……，参数 n）。

函数中的参数的个数可以是 0 个或多个，不管函数是否有参数，其括号不能少。参数可以是数字、文本、形如 TRUE 或 FALSE 的逻辑值、数组、形如#N/A 的错误值或单元格引用。给定的参数必须能产生有效的值。参数也可以是常量、公式或其他函数。参数不仅仅是常量、公式或函数，还可以是数组、单元格引用等。

（二）使用函数的方法

1. 直接手动输入法：单击需要输入函数的单元格，输入" = "，再输入具体函数语法。

2. 插入函数：选择需要插入函数的单元格，然后切换到"公式"选项卡，单击"插入函数"命令，在打开的对话框中选择相应的函数。

3. 利用"函数库"选项组插入函数：切换到"公式"选项卡，根据需要选择"函数库"中的相应的函数命令。

（三）函数的种类

Excel 函数一共有八类，分别是数学函数、统计函数、日期函数、条件函数、财务函数、频率分布函数、数据库统计函数、查询函数。

（四）常用函数的介绍

1. SUM 函数。SUM 函数是 Excel 中使用最多的函数，利用它进行求和运算可以忽略存有文本、空格等数据的单元格，语法简单、使用方便。SUM 函数中的参数，即被求和的单元格或单元格区域不能超过 30 个。换句话说，SUM 函数括号中出现的分隔符（逗号）不能多于 29 个，否则 Excel 就会提示参数太多。对需要参与求和的某个常数，可用" = SUM（单元格区域，常数）"的形式直接引用，一般不必绝对引用存放该常数的单元格。

2. SUMIF 函数。SUMIF 函数可对指定条件的若干单元格、区域或引用求和，该条件可以是数值、文本或逻辑表达式等组成的判定条件，可以应用在人事、工资和成绩统计中。

结构：SUMIF（Range, Criteria, Sum_ range）。

功能：根据 Range 区域中的指定条件 Criteria，则对 Sum_ range 相应的单元格求和。

说明：range——用于条件判断的区域。criteria——判定条件，可以是数字、表达式或字符形式。sum_ range——进行求和运算的实际区域。

3. AVERAGE 函数。求参数的算术平均值函数语法形式为 AVERAGE（number1, number2, ……）其中 number1, number2, ……为要计算平均值的 1 ~ 30 个参数。这些参数可以是数字，或者是涉及数字的名称、数组或引用。如果数组或单元格引用参数中有文字、逻辑值或空单元格，则忽略其值。但是，如果单元格包含零值则计算在内。

4. COUNT 函数。用于求单元格个数的统计函数语法形式为 COUNT（value1, value2, ……）其中 value1, value2, ……为包含或引用各种类型数据的参数（1 ~ 30 个），但只有数字类型的数据才被计数。函数 COUNT 在计数时，将把数字、空值、逻辑值、日期或以文字代表的数计算进去；但是错误值或其他无法转化成数字的文字则被忽略。如果参数是一个数组或引用，那么只统计数组或引用中的数字；数组中或引用的空单元格、逻辑值、文字或错误值都将忽略。如果要统计逻辑值、文字或错误值，应当使用函数 COUNTA。

5. COUNTIF 函数。COUNTIF 函数用于计算区域中满足给定条件的单元格的个数。

语法形式为：COUNTIF（统计区域，条件）。"统计区域"为需要计算其中满足条件的单元格数目的单元格区域。"条件"为确定哪些单元格将被计算在内的条件，其形式可以为数字、表达式或文本。

6. COUNTA 函数。COUNTA 用于返回参数组中非空值的数目，可以计算数组或单元格区域中数据项的个数。语法形式为：COUNTA（单元格区域 1，单元格区域 2……）。参数的个数为 1～30 个。

7. RANK 函数。语法形式为 RANK（number，ref，order）。其中 Number 为需要找到排位的数字；Ref 为包含一组数字的数组或引用；Order 为一数字用来指明排位的方式。

如果 Order 为 0 或省略，则 Excel 将 ref 当作按降序排列的数据清单进行排位。如果 Order 不为零，Excel 将 ref 当作按升序排列的数据清单进行排位。

需要说明的是，函数 RANK 对重复数的排位相同。但重复数的存在将影响后续数值的排位。例如，在一列整数里，如果整数 15 出现两次，其排位为 8，则 16 的排位为 10（没有排位为 9 的数值）。

另外，数值的排位是与数据清单中其他数值的相对大小，当然如果数据清单已经排过序了，则数值的排位就是它当前的位置。数据清单的排序可以使用 Excel 提供的排序功能完成。

8. IF 函数。IF 函数用于对比较条件式 Logical - test 进行测试。如果条件为逻辑值 TRUE，则取 value - if - true 的值；否则取 value - if - false 的值。语法形式为：IF（logical_ test，value_ if_ true，value_ if_ false）。

注意：IF 函数可嵌套，能完成复杂的条件测试；IF 函数的参数个数为三个，缺一不可；当 IF 函数的参数是字符型时，用半角双引号括起来；在 IF 函数嵌套使用时，注意左括号和右括号的搭配使用；IF 函数仅可以嵌套七层，超过将会出错。

9. 最小值 MIN 函数。语法形式为 min（number1，number2，…）。功能是返回参数表中的最小值。

10. 系统日期函数 TODAY（ ）。该函数求出系统日期，不需要参数。

11. 现值函数 PV。语法形式为 PV（rate，nper，pmt，fv，type）。该函数是计算等周期支付额或一次总支付额的现值。

相关参数说明：rate 是投资或贷款的利率或贴现率；nper 是总投资或贷款期，即该项投资的付款期总数；fv 是指定在付清贷款后所希望的未来值或现金结存，如果省略 fv，则假设其值为零；type 用以指定各期的付款时间，0 等于周期开始，1 等于周期结束，如果省略 type 则假设其值为零。

12. 查找函数 VLOOKUP。语法形式为 VLOOK（lookup_ value，tablearray，colindex_ num，range_ lookup）。函数功能是在表格或数值数组的首列找指定的数值，并由此返回表格或数组当前行中指定列处的值。

13. ROUND 函数。语法形式为 ROUND（number，num_ digits）。该函数功能是返回某个数字所指定位数舍入后的数字，num_ digits 为指定的位数，按此位数进行四舍五入。

14. MID 函数。语法形式为 MID（text，start_ num，num_ chars）。该函数功能是返回文本串中从指定位置开始特定数目的字符。

三、部分函数的应用

（一）利用 SUM 函数求成绩总分

例如，要计算学生的总成绩，可以通过求和 SUM 来实现。操作步骤如下：

1. 选择 F2 单元格，单击编辑栏区域的"插入函数"按钮，选择 SUM 函数。

2. 在"函数参数"对话框中的 Number1 输入处，用鼠标左键在工作表中拖动选择 C2：E2；单击"确定"按钮。如图 4 – 22 所示。

图 4 – 22　SUM 函数的应用

（二）利用 AVERAGE 函数计算平均分

例如，要计算学生的平均分，可以通过平均值函数 AVERAGE 来实现。操作步骤如下：

1. 选择 G2 单元格，单击编辑栏区域的"插入函数"按钮，选择 AVERAGE 函数。

2. 在"函数参数"对话框中的 Number1 输入处，用鼠标左键在工作表中拖动选择 C2：E2；单击"确定"按钮。如图 4 – 23 所示。

图 4 – 23　AVERAGE 函数的应用

（三）利用 IF 函数计算新生奖学金

例如，要根据高考成绩计算奖学金，对高考成绩大于等于 620 分的学生，在其"新生奖学金"的对应单元格填写其获得的奖金额 3000，对大于等于 600 分并小于 620 分的学生，在其"新生奖学金"的对应单元格填写其获得的奖金额 2000，对大于等于 580 分并小于 600 分的学生，在其"新生奖学金"的对应单元格填写其获得的奖金额 1000，对小于 580 分的学生无奖学金；可以通过逻辑判断函数 IF 来实现。操作步骤如下：

1. 选择 D2 单元格，单击编辑栏区域的"插入函数"按钮，选择 IF 函数。

2. 在"函数参数"对话框中的 Logical_ test 输入处，从键盘输入 C2 > = 620，在 value_ if_ true 输入处输入 3000，在 value_ if_ false 输入处输入 IF（C2 > = 600，2000，IF（C2 > = 580，1000，0）），单击"确定"按钮。这时，D2 单元格显示为 0，D2 单元格编辑区的内容为" = IF（C2 > = 620，3000，IF（C2 > = 600，2000，IF（C2 > = 580，1000，0）））"。如图 4 - 24 所示。

图 4 - 24 IF 函数参数设置

（四）利用 COUNTIF 函数统计获奖人数

例如，统计全班同学中已经获得新生奖学金的人数，可以使用 COUNTIF 函数。操作步骤如下：

1. 单击 C17 单元格编辑栏区域的"插入函数"按钮，在"统计"类别中选择 COUNTIF 函数。

2. 将光标定位在 Range 输入框内，选择 D2：D13 单元格区域。

3. 在 Criteria 输入框内输入" > 0"，单击"确定"按钮，在 C17 单元格中完成获奖学金人数的统计，其公式为" = COUNTIF（D2：D13，" > 0"）"。如图 4 - 25 所示。

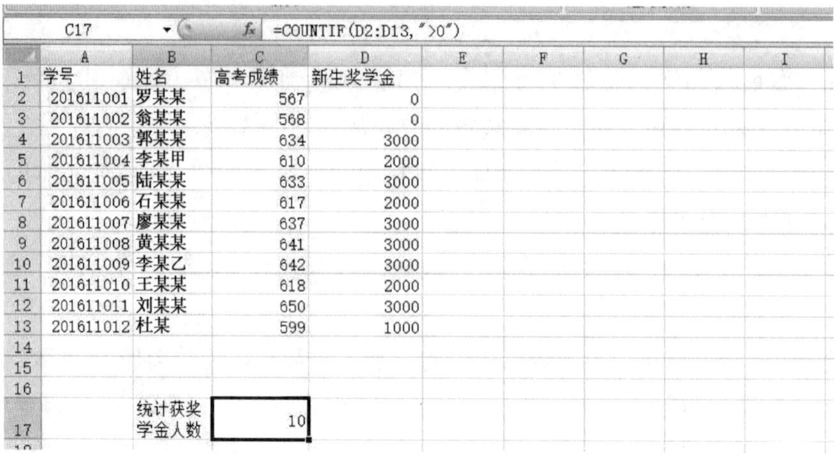
C17 =COUNTIF(D2:D13,">0")

	A	B	C	D
1	学号	姓名	高考成绩	新生奖学金
2	201611001	罗某某	567	0
3	201611002	翁某某	568	0
4	201611003	郭某某	634	3000
5	201611004	李某甲	610	2000
6	201611005	陆某某	633	3000
7	201611006	石某某	617	2000
8	201611007	廖某某	637	3000
9	201611008	黄某某	641	3000
10	201611009	李某乙	642	3000
11	201611010	王某某	618	2000
12	201611011	刘某某	650	3000
13	201611012	杜某	599	1000
14				
15				
16				
17		统计获奖学金人数	10	

图 4－25　COUNTIF 函数统计获奖人数

（五）利用 SUMIF 函数统计求和

SUMIF 函数与 COUNTIF 函数用法相似，SUMIF 主要是针对单个条件的统计求和。例如，可以利用 SUMIF 函数计算数据表中各种不同的项目采购总金额，假设表中有家具、图书、家电三个项目，现在需要分别计算这几个项目的采购总金额。

1. 计算“家具”的“合计”金额，在 C16 单元格中输入的公式应该是“＝SUMIF（$B$3:$B$13,“家具”,$C$3:$C$13)”。

2. 同理，计算“图书”和“家电”的“合计”金额，分别在 C17 和 C18 单元格中输入的公式应该是“＝SUMIF（$B$3:$B$13,“图书”,$C$3:$C$13)”和“＝SUMIF（$B$3:$B$13,“家电”,$C$3:$C$13)”。结果如图 4－26 所示。

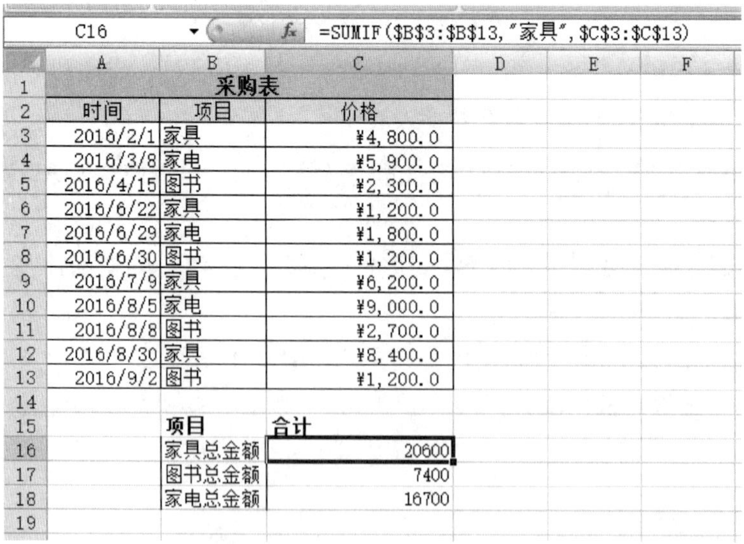
C16 =SUMIF($B$3:$B$13,"家具",$C$3:$C$13)

	A	B	C
1	采购表		
2	时间	项目	价格
3	2016/2/1	家具	¥4,800.0
4	2016/3/8	家电	¥5,900.0
5	2016/4/15	图书	¥2,300.0
6	2016/6/22	家具	¥1,200.0
7	2016/6/29	家电	¥1,800.0
8	2016/6/30	图书	¥1,200.0
9	2016/7/9	家具	¥6,200.0
10	2016/8/5	家电	¥9,000.0
11	2016/8/8	图书	¥2,700.0
12	2016/8/30	家具	¥8,400.0
13	2016/9/2	图书	¥1,200.0
14			
15		项目	合计
16		家具总金额	20600
17		图书总金额	7400
18		家电总金额	16700
19			

图 4－26　SUMIF 函数统计求和

（六）利用 RANK 函数进行排位

RANK 函数的功能是返回一个数字在数据区域中的排位。其排位大小与数据区域中的其他值相关。如果多个值具有相同的排位，则返回该组数值的最高排位。注意：函数 RANK 对重复数的排位相同。但重复数的存在将影响后续数值的排位。

例如，要计算 C3 单元格在 C3：C10 单元格区域中排在第几位（通常，我们认为数值大的排位为 1，因此，该排序应该是降序排序），其对应的参数分别是：Number 为 C3，Ref 为 $ C $ 3：$ C $ 10，Order 为 0，D3 单元格对应的公式为 " = RANK（C3，$ C $ 3：$ C $ 10，0)"。如图 4 - 27 所示。

	D3		f_x	=RANK(C3, $C$3:$C$10, 0)		
	A	B	C	D	E	
1	游戏高手排行榜					
2	姓名	性别	游戏积分	排行榜		
3	李某甲	男	16300	7		
4	陆某某	女	17480	6		
5	蓝某某	女	34100	3		
6	钟某某	男	32500	4		
7	李某乙	男	56680	2		
8	张某某	男	78680	1		
9	王某某	男	4600	8		
10	彭某某	女	19500	5		

图 4 - 27　排位函数 RANK 的应用

（七）未来值函数 FV

语法形式为 FV（rate，nper，pmt，pv，type），该函数功能是计算一次总付或等额定期支付的投资在将来某个日期的值。

例如：4000 元年利率 4.8%，每期追加 600 元，24 期后总值计算如下：FV（4.8%/12，24，- 600，- 4000，1）。如图 4 - 28 所示。

（八）查找函数 VLOOKUP

VLOOKUP 是一个查找函数，给定一个查找的目标，它就能从指定的查找区域中查找返回想要查找到的值。

例如，根据 A10 给出的姓名，查找在表一中姓名所对应的年龄。B10 单元格对应的公式为 " = VLOOKUP（A10，$ B $ 3：$ D $ 7，3，0)"。如图 4 - 29 所示。

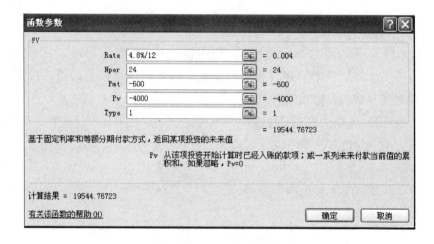

图 4 - 28 FV 函数参数设置

图 4 - 29 VLOOKUP 函数的应用

任务六 数据管理和分析

📖 知识与能力目标 ┐

1. 了解数据清单的含义和使用方法。
2. 掌握数据的排序与筛选。
3. 掌握数据的分类汇总。
4. 学会数据透视表创建、修改以及删除。

一、数据清单的使用

（一）数据清单的含义

在中文 Excel 中，排序与筛选数据记录的操作需要通过"数据清单"来进行，因此在操作前应先创建好"数据清单"。"数据清单"是工作表中包含相关数据的一系列数据行，它可以像数据库一样接受浏览与编辑等操作。数据清单也称数据列表、工作表数据库，它是包含相似数据组的带标题的一组工作表数据行。数据清单由若干列组成，每列有一个标题，相当于数据库的字段名，列就相当于字段；数据清单中的行相当于数据库的记录，记录中不同类型的数据相当于各个字段在该记录中的字段值。数据清单 = 表结构 + 纯数据。

（二）数据清单的使用

创建数据清单就是输入表结构和纯数据，从"数据"下拉菜单中选择"记录单"命令，进入数据记录单对话框就能完成对记录的浏览、增加、删除和修改等这些操作。如图 4 – 30 所示。

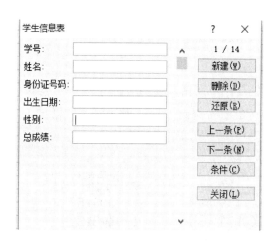

图 4 – 30　记录单的使用

其实，若选定一个区域，中文 Excel 也会在需要的时候自动建立一份数据清单，只是该数据清单将包含所有的单元格，自动找到的列标题也不一定正确。一旦建立好了数据清单，还可以继续在它所包含的单元格中输入数据。在使用数据清单的时候，应注意以下几项：

1. 避免在一个工作表中建立多个数据清单。

2. 列标题不能重复，同列数据类型相同。

3. 数据清单中应避免有空行或空列。

4. 数据清单中的数据前不要输入空格。

5. 使数据清单独立于其他数据。在工作表中，数据清单与其他数据间至少要留出一个空列和一个空行，以便在执行排序、筛选或插入自动汇总等操作时，有利于中文 Excel 检测和选定数据清单。

6. 将关键数据置于清单的顶部或底部。这样可避免将关键数据放到数据清单的左右两侧。因为这些数据在中文 Excel 筛选数据清单时可能会被隐藏。

二、数据的排序

排序是指按照一定规则对数据进行整理和排列的一种方式。排序的方向可按列或行排序。排序主要有两种：升序排序和降序排序。

升序排序的默认排序次序为：

1. 数值从最小的负数到最大的正数排序。

2. 文本及包含数字的文本按从 0 ~ 9、a ~ z、A ~ Z 的顺序排列。

3. 逻辑值 False 排在 True 之前。

4. 所有错误值的优先级相同。

5. 空格排在最后。

降序排序时，除了空格总是在最后，其他的正好和升序相反。

（一）简单排序

单击需要排序的列的任一单元格，运用"开始"→"编辑"→"排序和筛选"按钮，或者用"数据"→"排序和筛选"→"升序"或"降序"命令按钮实现。

例如，按高考成绩降序排序，如图 4-31 所示。

	A	B	C	D	E
1	学号	姓名	出生日期	性别	高考成绩
2	201611011	刘某某	19930815	女	650
3	201611009	李某乙	19940512	男	642
4	201611008	黄某某	19940615	男	641
5	201611007	廖某某	19940907	女	637
6	201611003	郭某某	19940813	男	634
7	201611005	陆某某	19940209	女	633
8	201611010	王某某	19940702	男	618
9	201611006	石某某	19940519	男	617
10	201611004	李某甲	19940128	女	610
11	201611012	杜某	19941001	男	599
12	201611002	翁某某	19940607	女	568
13	201611001	罗某某	19941022	男	567

图 4-31 简单排序降序示例表

（二）复杂排序

除了可以实现单列字段的排序，还可以实现多列字段的排序，或者比较复杂的一些组合排序。通过"数据"→"排序"菜单命令，打开"排序"对话框，在对话框中设置相应的关键字和次要关键字，以及设置排序的依据和次序，最后单击确定按钮即可。

三、数据的筛选

数据筛选是一种用于查找数据的快速方法，筛选将数据列表中所有不满足条件的记录暂时隐藏起来，只显示满足指定查询条件的数据记录，以供用户浏览和分析。Excel 提供了自动和高级两种筛选数据的方式。"自动筛选"命令可以满足用户的大部分需要，当需要利用复杂的条件来筛选数据清单时可以考虑使用"高级筛选"命令。

（一）自动筛选

自动筛选为用户提供了在具有大量记录的数据列表中快速查找符合某些条件的记录的功能。筛选后只显示出包含符合条件的数据行，而隐藏其他行。

例如，筛选出员工工资表中的所有已婚男性的员工。操作步骤如下：

1. 单击数据区域任一单元格，在"数据"选项卡的"排序和筛选"组中单击"筛选"按钮。此时各字段名右下方出现筛选箭头。

2. 单击需要输入筛选条件的筛选箭头，单击"性别"旁边的筛选箭头，只勾选"男"，同理，设置第二个限定条件，在"婚况"中只勾选出"已婚"，便可筛选出男性已婚的员工记录。结果如图 4 – 32 所示。

图 4 – 32　自动筛选示例结果

（二）高级筛选

使用高级筛选功能可以对某个列或者多个列应用多个筛选条件。在使用高级筛选命令之前，应先在工作表中适当的位置建立条件区域。

例如，筛选出表中的所有学历为研究生并且总收入大于等于 10 000 元的女性的数据记录。操作步骤如下：

1. 在工作表数据区域外的空白处设置筛选条件，在连续单元格的同一行输入关键字名称，在其下一行对应单元格输入相应条件。如图 4 – 33 所示。

	A	B	C	D	E	F	G	H	I	J	K	L	M
1	编号	姓名	性别	学历	职称	年龄	婚况	毕业学校	总收入		性别	学历	总收入
2	gsj2016006	彭某某	男	研究生	教授	50	已婚	华南师范大学	28000		女	研究生	>=10000
3	gsj2016013	叶某某	男	研究生	讲师	29	未婚	中山大学	10000				
4	gsj2016019	欧某	女	研究生	讲师	28	未婚	武汉大学	10000				
5	gsj2016002	张某甲	女	本科	教授	46	已婚	合肥工业大学	24000				
6	gsj2016005	黄某甲	男	本科	教授	44	已婚	湖南师范大学	24000				
7	gsj2016007	马某某	男	本科	副教授	36	已婚	广东工业大学	16000				
8	gsj2016009	张某	女	本科	副教授	49	已婚	中国石油大学	16000				
9	gsj2016014	章某某	男	本科	讲师	45	已婚	深圳大学	8000				
10	gsj2016015	罗某	男	本科	讲师	49	已婚	广州体育学院	8000				
11	gsj2016018	黄某乙	女	本科	助教	29	未婚	深圳大学	6000				
12	gsj2016020	博某某	女	本科	助教	29	未婚	深圳大学	6000				
13	gsj2016016	甄某某	女	本科	讲师	33	未婚	中国石油大学	8000				
14	gsj2016003	黄某丙	男	本科	助教	30	未婚	广东财经大学	6000				
15	gsj2016001	胡某某	男	研究生	讲师	49	未婚	华南师范大学	13000				
16	gsj2016004	王某甲	女	研究生	副教授	35	已婚	武汉大学	18000				
17	gsj2016008	李某某	女	研究生	助教	29	未婚	武汉大学	7000				
18	gsj2016010	刘某甲	男	研究生	讲师	39	未婚	西南政法大学	12000				
19	gsj2016011	王某乙	女	研究生	副教授	49	已婚	深圳大学	19000				
20	gsj2016012	张某乙	男	研究生	教授	38	未婚	华南师范大学	26000				
21	gsj2016017	刘某乙	女	研究生	助教	30	未婚	武汉大学	7000				
22	gsj2016021	唐某	女	本科	助教	24	未婚	电子科技大学	6000				

图 4 – 33　高级筛选条件设置

2. 选中数据区域或者数据区域中任意一个单元格，依次单击"数据"→指向"排序和筛选"→单击"高级"，弹出"高级筛选"对话框。对话框中的"列表区域"为数据区域，"条件区域"为上面第一步设置的条件区域。

3. 点击确定按钮，即可得到筛选后的记录。如图 4 – 34 所示。

	A	B	C	D	E	F	G	H	I
1	编号	姓名	性别	学历	职称	年龄	婚况	毕业学校	总收入
4	gsj2016019	欧某	女	研究生	讲师	28	未婚	武汉大学	10000
16	gsj2016004	王某甲	女	研究生	副教授	35	已婚	武汉大学	18000
19	gsj2016011	王某乙	女	研究生	副教授	49	已婚	深圳大学	19000

图 4 – 34　高级筛选结果显示

四、数据的分类汇总

分类汇总是以某一个字段作为分类的项，把该字段值相同的连续记录作为一类，对工作表数据区域的其他字段进行各种统计计算，如求和、计数、求平均值、求最大值和求总体方差等。分类汇总是对数据列表指定的行或列中的数据进行汇总统计，统计的内容可以由用户指定，通过折叠或展开行、列数据和汇总结果，从汇总和明细两种角度显示一组或多组数据，可以快捷地创建各种汇总报告。

Excel 可自动计算数据列表中的分类汇总和总计值。当插入自动分类汇总时，Excel 将分级显示数据列表，以便为每个分类汇总显示或隐藏明细数据行。Excel 分类汇总的数据折叠层次最多可达 8 层。

在创建分类汇总之前，首先需保证要进行分类汇总的数据区域必须是一个连续的数据区域，而且每个数据列都有列标题；然后必须对要进行分类汇总的列进行排序。这个排序的列标题称为分类汇总关键字，分类汇总时只能指定排序后的列标题为汇总关键字。

例如，统计不同学历员工的平均工资。具体操作步骤如下：

1. 汇总前的分类。使用分类汇总前，必须要对数据列表中需要分类汇总的分类字段进行排序。将鼠标定位在学历下方的 D2 单元格，在"数据"选项卡的"排序和筛选"组中单击"升序"按钮（这里升序和降序都可以，此时排序的目的是分出类别）。

2. 单击有数据区域的任意单元格，如 A2。在"数据"选项卡的"分级显示"组中单击"分类汇总"按钮，在弹出的"分类汇总"对话框中进行设置，从"分类字段"下拉列表中选择要进行分类的字段，分类字段必须已经排好序，在本例中选择"学历"作为分类字段；"汇总方式"下拉列表中列出了所有汇总方式（统计个数、计算平均值、求最大值或最小值及计算总和等），在本例中选择"平均值"作为汇总方式；"选定汇总项"的列表中列出了所有列标题，从中选择需要汇总的列，列的数据类型必须和汇总方式相符合，在本例中选择"总收入"作为汇总项。具体如图 4 – 35 所示进行各选项的选择。

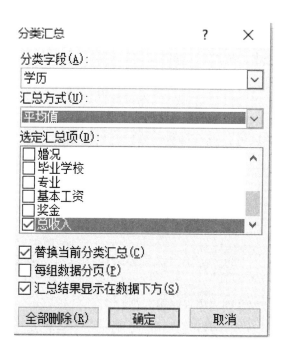

图 4 – 35 "分类汇总"对话框

3. 单击“确定”按钮后，Excel 会运用 SUBTOTAL 函数插入内部指定公式得出分析数据列表，如图 4－36 所示。

	A	B	C	D	E	F	G	H	I
1	编号	姓名	性别	学历	职称	年龄	婚况	毕业学校	总收入
2	gsj2016002	张某甲	女	本科	教授	46	已婚	合肥工业大学	24000
3	gsj2016005	黄某甲	男	本科	教授	44	已婚	湖南师范大学	24000
4	gsj2016007	马某某	男	本科	副教授	36	已婚	广东工业大学	16000
5	gsj2016009	张某	女	本科	副教授	49	已婚	中国石油大学	16000
6	gsj2016014	章某某	男	本科	讲师	45	已婚	深圳大学	8000
7	gsj2016015	罗某	男	本科	讲师	49	已婚	广州体育学院	8000
8	gsj2016018	黄某乙	女	本科	助教	29	未婚	深圳大学	6000
9	gsj2016020	博某某	女	本科	助教	29	未婚	深圳大学	6000
10	gsj2016016	甄某某	女	本科	讲师	33	未婚	中国石油大学	8000
11	gsj2016003	黄某丙	男	本科	助教	30	未婚	广东财经大学	6000
12	gsj2016021	唐某	女	本科	助教	24	未婚	电子科技大学	6000
13				本科 平均值					11636.36364
14	gsj2016006	彭某某	男	研究生	教授	50	已婚	华南师范大学	28000
15	gsj2016013	叶某某	男	研究生	讲师	29	未婚	中山大学	10000
16	gsj2016019	欧某	女	研究生	讲师	28	未婚	武汉大学	10000
17	gsj2016001	胡某某	男	研究生	讲师	49	未婚	华南师范大学	13000
18	gsj2016004	王某甲	女	研究生	副教授	35	已婚	武汉大学	18000
19	gsj2016008	李某某	女	研究生	助教	29	未婚	武汉大学	7000
20	gsj2016010	刘某甲	男	研究生	讲师	39	未婚	西南政法大学	12000
21	gsj2016011	王某乙	女	研究生	副教授	49	已婚	深圳大学	19000
22	gsj2016012	张某乙	男	研究生	教授	38	未婚	华南师范大学	26000
23	gsj2016017	刘某乙	女	研究生	助教	30	未婚	武汉大学	7000
24				研究生 平均值					15000
25				总计平均值					13238.09524

图 4－36　分类汇总结果

4. 屏蔽细节记录。单击左上角的分级符号 2 查看汇总结果并屏蔽细节记录。因为此时具体的明细信息已没有意义了。如图 4－37 所示。

	A	B	C	D	E	F	G	H	I
1	编号	姓名	性别	学历	职称	年龄	婚况	毕业学校	总收入
13				本科 平均值					11636.36364
24				研究生 平均值					15000
25				总计平均值					13238.09524

图 4－37　分类汇总屏蔽细节结果

5. 如果由于某种原因，需要取消分类汇总的显示结果，恢复到数据列表的初始状态。其操作步骤如下：

（1）单击分类汇总数据列表中任一单元格。

（2）选择“数据”→“分类汇总”命令，打开“分类汇总”对话框。

（3）单击对话框中的“全部删除”按钮即可，数据列表中的分类汇总就被删，只会删除分类汇总，不会删除原始数据。如图 4－38 所示。

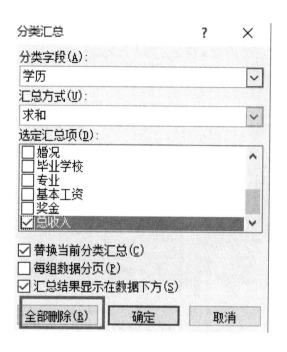

图 4-38　删除分类汇总

五、数据透视表

（一）数据透视表的概述

数据透视表是用来从 Excel 数据列表、关系数据库或 OLAP 多维数据集中的字段中总结信息的分析工具，是一种交互式报表，可以快速汇总、分析大量数据表格的交互式工具。

数据透视表功能可以被认为是 Excel 的精华所在，使用数据透视表可以深入分析数值数据，以帮助用户发现关键数据，将纷繁的数据化为有价值的信息，提供研究和决策所用，并作出有关企业中关键数据的决策。数据透视表是集排序、筛选、组合、汇总等多个功能于一体的集合体，具有强大而灵活的数据处理功能，是一种对大量数据快速汇总和建立交叉列表的交互式表格，不仅能够改变行和列以查看源数据的不同汇总结果，也可以显示不同页面以筛选数据，还可以根据需要显示区域中的明细数据。

数据透视图则是一个动态的图表，它可以将创建的数据透视表以图表的形式显示出来。按照数据表格的不同字段从多个角度进行透视，并建立交叉表格，用以查看数据表格的不同层面，只需用鼠标移动字段位置便可变换出各种类型的报表。

从结构看，数据透视表分为四个部分：行区域、列区域、数据区域、报表筛选区域。其中，行标签作为横向分类依据的字段；列标签作为纵向分类依据的字段；数值拖至此处的字段是计算的依据，Excel 将用某种算法对其进行计算，然后将计算结果

（汇总数值）显示出来；报表筛选作为分类显示（筛选）依据的字段，可以将一个或多个字段拖至此处。此区域中的字段是分类筛选的首要条件。

（二）数据透视表的创建

准备好数据后，请单击数据中的任意位置，在"插入"选项卡上的"表"组中，单击"数据透视表"，然后再次单击"数据透视表"，打开"创建数据透视表"对话框。选择数据"表/区域"及放置数据透视表的位置，单击"确定"。如图4-39所示。

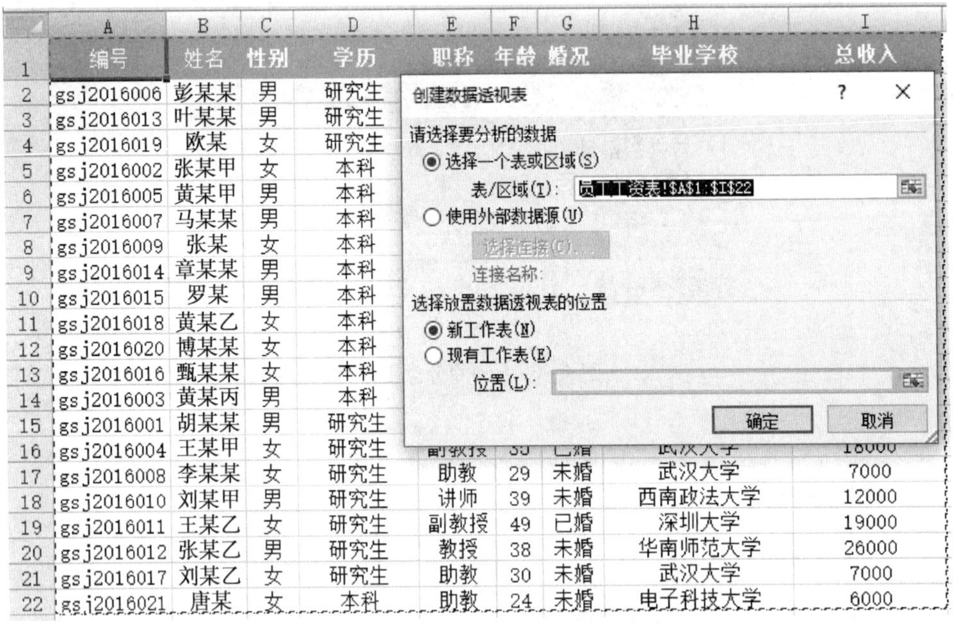

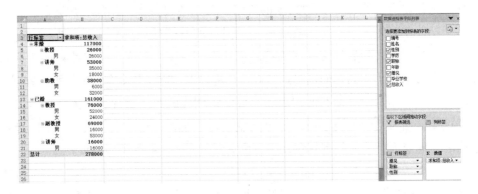

图4-39　创建数据透视表对话框

在"选择要添加到报表的字段"列表中显示了工作表的所有字段，用鼠标单击勾选相应的字段。默认情况下，被选择的文本字段将被添加到数据透视表的"行标签"中，数字字段则进行汇总计算。结果如图4-40所示。

图4-40　数据透视表结果显示

说明：图左侧为数据透视表的报表生成区域，会随着选择的字段不同而自动更新；右侧为数据透视表字段列表。创建数据透视表后，可以使用数据透视表字段列表来添加字段。如果要更改数据透视表，可以使用该字段列表来重新排列和删除字段。

（三）数据透视表的修改

将鼠标定位在透视表中任一单元格。改变数据透视表包括更改汇总方式、调整数据透视表字段以及增加和删除字段等。

1. 删除字段。在"透视表字段列表"的行标签"职称"处单击，可以删除字段，或者直接在字段列表上方去除"职称"前的对勾。

2. 改变透视关系。把另一个字段"学历"作为行标签，把"性别"作为列标签，把"婚况"作为报表筛选。

3. 改变汇总项。在创建了数据透视表后，鼠标单击数据透视表中任意单元格，在右侧的"数据透视表字段列表"窗格中的"数值"标签处单击，在快捷菜单中选择"值字段设置"，在打开的对话框中设置汇总方式为"平均值"。

修改后的数据透视表如图 4 - 41 所示。

图 4 - 41 数据透视表修改后的显示

（四）数据透视表的清除和删除

1. 如果要将数据透视表框架中四个区域内的数据内容清除，然后重新开始设计布局，可使用"全部清除"命令。该命令可有效地重新设置数据透视表，但数据透视表的数据连接、位置和缓存仍保持不变。具体操作步骤如下：

单击数据透视表，在"数据透视表工具"→"选项"→"操作"组中，单击"清除"，然后单击"全部清除"。

2. 数据透视表是一个整体，要删除整个数据透视表，具体操作如下：

单击数据透视表，在"数据透视表工具"→"选项"→"操作"组中，单击"选择"按钮打开命令列表，选择"整个数据透视表"命令，即选择了整个数据透视表，按 Delete 键删除即可。

任务七　图表创建与编辑

📖 知识与能力目标

1. 了解图表的概念、结构和分类。
2. 掌握图表的创建和编辑。

一、创建图表

（一）图表的认识

Excel 的图表功能并不逊色于一些专业的图表软件，它不但可以创建条形图、折线图、饼图这样的标准图形，还可以生成较复杂的三维立体图表。Excel 图表可以用来表现数据间的某种相对关系，在常规状态下一般运用柱形图比较数据间的数量多少关系，用折线图反映数据间的趋势关系，用饼图表现数据间的比例分配关系。图表通常分为内嵌式图表和独立式图表。内嵌式图表是以"嵌入"的方式把图表和数据存放于同一个工作表，而独立式图表是图表独占一张工作表。

利用 Excel 的图表向导可以快捷地建立各种类型的图表，用户运用其所提供的工具可以修饰、美化图表，如设置图表标题，修改图表背景色，加入自定义符号，设置字体、字型等。

（二）图表的结构

图表通常包含图表区、绘图区、图表标题、坐标轴、数据系列、数据表、坐标轴等。

（三）图表的分类

从大类上讲，Excel 的图表可分为两种类型，即标准类型和自定义类型。标准类型提供包括直线图、面积图、折线图、柱形图等在内的图形种类，大约 14 种类型。自定义类型有对数图、折线图、饼图、蜡笔图等，不少于 20 种类型。

1. 嵌入式图表。嵌入式图表是把图表直接插入到数据所在的工作表中，主要用于说明数据与工作表的关系，用图表来说明和解释工作表中的数据。

2. 图表工作表。图表与源数据表分开存放，图表放在一个独立的工作表中，图表中的数据存在于另一个独立的工作表中。

3. Excel 标准图表类型。面积图用于显示不同数据系列之间的对比关系，同时也显示各数据系列与整体的比例关系，尤其强调随时间的变化幅度。柱形图也就是常说的直方图，用于表示不同项目之间的比较结果，也可以说明一段时间内的数据变化。条形图显示了各个项目之间的比较情况，纵轴表示分类，横轴表示值。它主要强调各个值之间的比较，并不太关心时间。折线图常用于描绘连续数据系列，对于确定数据的发展趋势比较有用。线性图表示数据随时间而产生的变化情况。线性图的分类轴常常是时间，如年、季度、月份、日期等。饼图和圆环图都常用于表示总体与部分的比例关系，以直观的图形方式表示出各部分与总体的百分比。饼图只能表示一个数据系列，而圆环图可以包含多个数据系列。气泡图实质上是一种 XY 散点图。数据标记的大小反映了第三个变量的大小。气泡图的数据应包括三行或三列，将 X 值放在一行或一列中，并在相邻的行或列中输入对应的 Y 值，第三行或列数据就表示气泡大小。

4. 自定义图表类型。除了上述十多种标准类型的图表之外，Excel 还提供了约 20 种自定义图表类型，它们是一些基于标准图表类型的内置图表类型。这些内置图表类型包含许多附加的格式和选项，如图例、网格线、数据标志、次坐标轴、颜色、图案、填充以及不同图表项的位置选择等，以满足不同用户的需求。

（四）图表的创建

例如，通过插入图表，创建员工年龄分段统计图。

根据统计数据，创建二维簇状柱形图，调整图表布局，显示图表标题栏、纵轴标题栏，横坐标轴刻度分两行显示。操作步骤如下：

1. 选定需要建立图表的数据单元格区域。

2. 单击"插入"选项卡的"图表"组的"柱形图"按钮，在弹出的图形中选择"簇状柱形图"，在当前工作表中就会插入一张图表。

3. 单击图表的任一位置，该图表被选择（菜单中会出现"图表工具"选项卡）。

4. 单击"图表工具/设计"选项卡的"图表布局"组的"布局 5"。

5. 将标题"人数"改为"员工年龄分段统计图"。

6. 将纵坐标标题"坐标轴标题"改为"人数"。

最后结果如图 4 – 42 所示。

二、编辑图表

（一）更改图表类型

例如，把已创建的二维簇状柱形图更改为三维饼图。操作步骤如下：

选中需要更改的图表，依次单击"图表工具"→"设计"→"类型"→"更改图表类型"的命令按钮，打开对话框，在对话框中选择饼图。单击确定即可更改图表类型。

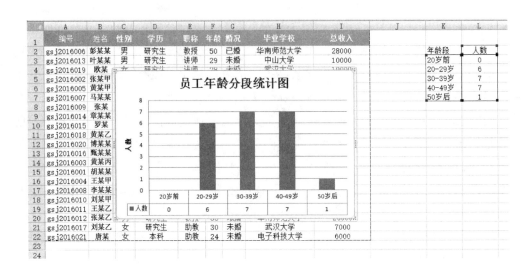

图 4 - 42　二维簇状柱形图结果示例

（二）修改图表样式

在 Excel 中有多种不同类型的图表样式供用户使用，不同样式的图例和数据系列的颜色和形状不同。操作步骤如下：

选中需要更改的图表，依次单击"图表工具"→"设计"→"图表样式"格式组，在格式组中选择相应的样式，单击确定即可更改图表样式。

（三）添加图表对象

例如，在柱状图上显示数据标签以及显示网格线。具体操作步骤如下：

1. 选择需要添加对象的图表。

2. 单击"图表工具/布局"选项卡的"标签"组的"数据标签"按钮，在弹出的下拉线列表中单击"数据标签外"。

3. 单击"图表工具/布局"选项卡的"坐标轴"组的"网格线"按钮，在弹出的下拉线表中单击"主要网格线"的"次要网格线"。

（四）修改图表格式

例如，通过图表功能格式化员工年龄分段统计图，其中，设置绘图区为"羊皮纸"背景，设置图表区为"再生纸"背景，设置图表标题格式为"纯色填充"的橄榄色。具体操作步骤如下：

1. 单击"图表工具/布局"选项卡的"背景"组的"绘图区"按钮，在弹出的下拉列表中单击"其他绘图区选项"，在弹出的对话框中单击"填充"选项卡，选择"图片或纹理填充"单选按钮，单击"纹理"图标，选择"羊皮纸"，如图 4 - 43所示。

图 4 - 43 设置绘图区背景

2. 在图表区边缘单击鼠标左键，选择图表区，单击鼠标右键，在弹出的下拉列表中单击"设置图表区格式"，在弹出的对话框中选择"图片或纹理填充"单选按钮，单击"纹理"图标，选择"再生纸"。

3. 选择图表标题，单击鼠标右键，在弹出的下拉列表中单击"设置图表标题格式"，在弹出的对话框中选择"纯色填充"单选按钮，单击"颜色"图标，选择"橄榄色"。

格式化后的图表如图 4 - 44 所示。

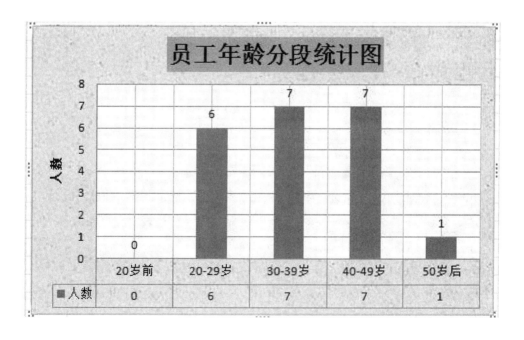

图 4 - 44 图表格式化后示例

任务八　工作表的打印及其他应用

知识与能力目标

1. 掌握 Excel 工作表打印格式的设置。
2. 了解 Excel 的其他应用。

一、设置打印格式

（一）页面布局设置

通常，在工作表打印之前，需要对其页面进行相应设置。页面设置包括页边距、纸张方向、纸张大小和打印标题等方面。

例如，打印要求为：上、下页边距为 2.5cm，左、右页边距为 3cm，打印的表格在页面中采用水平居中，纸张采用 B5 纸横向打印，每页需要打印标题（第 1 行）信息。

具体操作步骤如下：

1. 打开工作表后，选择"页面布局"→"页面设置"选项组中的"页边距"按钮，选择"自定义边距"，在弹出的"页面设置"对话框的"页边距"选项卡中，设置上、下页边距为 2.5 厘米，左、右页边距为 3 厘米，勾选"水平"居中方式。

2. 单击"页面布局"选项卡的"页面设置"组的"纸张方向"按钮，选择"横向"。

3. 单击"页面布局"选项卡的"页面设置"组的"纸张大小"按钮，单击"B5"。

4. 选择工作表的第 1～22 行，单击"页面布局"选项卡的"页面设置"组的"打印区域"按钮，选择"设置打印区域"。

5. 单击"页面布局"选项卡的"页面设置"组的"打印标题"按钮，在弹出的"页面设置"对话框的"工作表"选项卡中，将光标定位在"顶端标题行"输入框，用鼠标选定第 1 行，"顶端标题行"输入框出现 ＄1：＄1，这表示在打印的每一页中，当前工作表的第 1 行都会被打印。如图 4－45 所示。

（二）分页符设置

一般情况下，在打印工作表的时候，Excel 会自动对工作表内容进行分页，但是有时候需要在指定的某些位置进行分页，则可以通过插入分页符来实现。具体操作步骤如下：

1. 点击选定需要分页的位置。

2. 依次选择"页面布局"→"页面设置"选项组中的"分隔符"命令按钮。

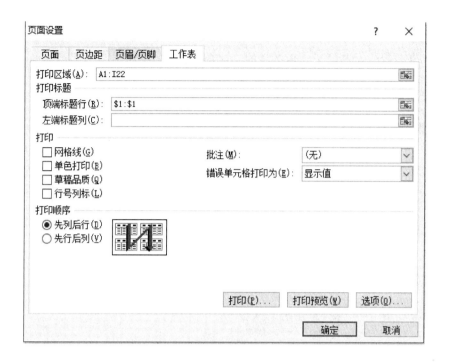

图 4-45 打印标题设置

3. 在下拉列表中选择"插入分页符"即可。

在插入了分页符之后，工作表相应的位置上会出现一行虚线，它是 Excel 中分页符的标志。

若要把分页符删除，则选择分页符标志的下一行任意单元格，然后执行"页面布局"→"页面设置"选项组中的"分隔符"命令按钮，在下拉列表中选择"删除分页符"即可。

二、其他应用

（一）修复受损工作簿

在平常使用 Excel 文档的过程中，有时候会遇到无法打开某个文档，或者打开后部分数据丢失的情况，这时可以通过 Excel 的修复功能进行 Excel 文档或数据的修复。具体操作步骤如下：

1. 如果打开 Excel 文档而系统提示文件已经损坏，在打开文件对话框中，单击"打开"按钮的下拉三角形按钮，选择"打开并修复"命令即可。

2. 如果打开 Excel 文档发现部分数据丢失时，则可以通过执行"文件"→"另存为"命令，将保存的类型设置为"SYLK（符号链接）"的格式，然后，在文件保存的位置，双击打开即可显示修复后的 Excel 文件。

（二）共享工作簿

Excel 2010 提供了共享工作簿的功能，这在进行大量数据处理并需要多人合作的时候，可以用来实现局域网中对同一工作簿的协同工作。

1. 共享工作簿的创建。创建共享工作簿是为了实现同一工作簿的协同工作。具体的操作步骤如下：

首先，打开需要共享的工作簿，依次执行"审阅"→"更改"→"共享工作簿"的命令，打开共享工作簿的对话框。在打开的对话框中勾选"允许多用户同时编辑，同时允许工作簿合并"；切换到"高级"选项卡，在保存修订记录设置为 15 天，自动更新间隔设置为 8 分钟。如图 4-46 所示。

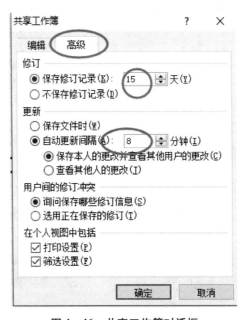

图 4-46　共享工作簿对话框

设置完成之后，单击确定按钮，保存文档后，标题栏上出现"共享"字样，则表示该文档可以实现局域网的共享。

2. 共享工作簿的取消。当不再需要共享工作簿的时候，则可取消共享工作簿。具体的操作步骤如下：

打开需要取消共享的工作簿，依次执行"审阅"→"更改"→"共享工作簿"的命令，打开共享工作簿的对话框，去掉勾选"允许多用户同时编辑，同时允许工作簿合并"的标志即可。

（三）帮助服务功能的使用

用户在使用 Excel 软件的过程中，或多或少会存在疑问和一些操作上的问题。例如，对某一函数的用法不了解，或者不确定某个命令按钮的位置，那么这个时候就可以利用软件自带的帮助服务查询功能。具体操作步骤如下：

在打开 Excel 之后，按 F1 键或者单击工作簿右上角的控制按钮的帮助按钮即可打开 Excel 的帮助对话框。

习 题

一、选择题

1. Excel 文件的扩展名是（　　）。

A. doc B. xls C. exe D. ppt

2. Excel 是一种（　　）软件。

A. 邮件管理 B. 数据库 C. 文字处 D. 电子表格

3. Excel 菜单栏包括（　　）个菜单项。

A. 7 B. 8 C. 9 D. 10

4. Excel 菜单项中带下画线的字母与（　　）键合用可选取该菜单。

A. Shift B. Ctrl C. Alt D. F1

5. Excel 工作表编辑栏中的名字框显示的是（　　）。

A. 活动单元格的地址名字 B. 活动单元格的内容

C. 单元格的地址名字 D. 单元格的内容

6. Excel 工作表编辑栏包括（　　）。

A. 名称框 B. 公式栏 C. 状态栏 D. 名称框和编辑框

7. 当鼠标通过 Excel 工作表的工作区时，鼠标指针为（　　）。

A. 空心"＋"字形 B. "I"形

C. 箭头形 D. 手形

8. 当鼠标通过 Excel 工作表的菜单栏时，鼠标指针为（　　）。

A. 空心"＋"字形 B. "I"形

C. 箭头形 D. 手形

9. Excel 工作表的编辑栏中的编辑框用来编辑（　　）。

A. 活动单元格中的数据和公式 B. 单元格中的数据和公式

C. 单元格的地址 D. 单元格的名字

10. Excel 工作表的基本单位是（　　）。

A. 单元格区域 B. 单元格 C. 工作表 D. 工作簿

11. Excel 工作表的行和列名称有（　　）标识方法。

A. 一种 B. 两种 C. 三种 D. 四种

12. 地址 R7C6 表示的是（　　）单元格。

A. G7 B. F7 C. G6 D. F6

13. 在选中的 Excel 主菜单的下拉菜单名命令中，带下画线的字母与（　　）功能键合用可选取该菜单命令。

　　A. Alt　　　　　　　B. Ctrl　　　　　　　C. Shift　　　　　　D. Del

14. 在 Excel 菜单中，如果命令选项后面有三角符号，表示选择这个命令时将（　　）。

　　A. 有子菜单　　　　B. 有快捷菜单　　　C. 有对话框　　　　D. 什么也没有

15. Excel 工具按钮（　　）。

　　A. 只有利用鼠标才能使用　　　　　　B. 利用鼠标和快捷键都能使用

　　C. 只有利用快捷键能使用　　　　　　D. 任何时候都有效

16. Excel 工作表行号和列标交叉处全选按钮的作用是（　　）。

　　A. 没作用　　　　　B. 选中行号　　　　C. 选中列标　　　　D. 选中整个工作表

17. 在 Excel 中，冻结窗口的条件是（　　）。

　　A. 新建窗口　　　　B. 打开多个窗口　　C. 分割窗口　　　　D. 没有条件

18. 在 Excel 菜单中，如果命令选项后面有"…"符号，表示选择这个命令时将（　　）出现。

　　A. 有子菜单　　　　B. 有快捷菜单　　　C. 有对话框　　　　D. 什么也不会

19. Excel 编辑栏中的"×"表示（　　）。

　　A. 公式栏中的编辑有效，且接收　　　B. 公式栏中的编辑无效，不接收

　　C. 不允许接收数学公式　　　　　　　D. 无意义

20. Excel 编辑栏中的"＝"表示（　　）。

　　A. 公式栏中的编辑有效，且接收　　　B. 公式栏中的编辑无效，不接收

　　C. 不允许接收数学公式　　　　　　　D. 允许接收数学公式

二、实训题

1. 新建一个 EXCEL 文件，在 SHEET1 中完成学生成绩表的输入。

姓名	性别	数学	英语	电子技术	数字逻辑	总分	平均分	名次	等级
刘某某	女	87	56	77	88				
李某甲	男	90	44	67	83				
黄某某	男	79	70	74	87				
廖某某	女	85	48	91	65				
郭某某	男	66	53	78	60				
陆某某	女	55	56	92	78				
王某某	男	73	79	59	77				
石某某	男	39	82	57	46				
李某乙	女	79	88	37	60				
杜某	男	79	59	48	71				

2. 完成如下的操作。

（1）请在第一行之上插入两个空白行；在第一列之前插入一个空白列，并在 A3 单

元格里输入"序号"。此时，该表格大小由原来的 A1：J11 变为 A1：K13。

（2）将第一行的行高置为"33"，将所有列的列宽设置为"最合适的列宽"。

3．数据表格的格式设置。

（1）请将统计表标题在 A1：K1 单元格合并居中，并输入"学生各科成绩表"；标题字体字号为楷体、22 号字，字体颜色设置为绿色。

（2）请将 A1 单元格设置下边框线为蓝色双线，文字对齐方式为居中（水平居中，垂直居中）。

（3）请将表头（A1：A13）文字倾斜加粗，并设置底纹为淡蓝。

（4）请将所有文字数字区域（A1：K13）添加边框：双虚细线。

4．数据操作。

（1）将 A4：J13 单元格自动填充序号：10001～10010。

（2）计算每位同学的总分和平均分。

（3）按平均分的数值进行升序排序。

（4）在"等级"列中，利用 IF 函数表示出学生的平均分若大于等于 60，为"合格"，否则为"不合格"。

（5）利用条件格式，以白底红字显示出所有单科成绩在 60 分以下的分数。

（6）利用三维簇状柱形图展示每位学生的数学成绩：数据选择"姓名"和"数学"，图表标题为"学生数学成绩柱形图"，分类（X）轴填写"姓名"，数值（Z）轴填写"数学"；图表嵌入到当前工作 A15：K27 区域中；图表区背景填充为"羊皮纸"。

5．文件操作。

（1）将 sheet1 更名为"学生成绩表"。删除 sheet2 和 sheet3 工作表。

（2）将文件保存至相应的文件夹中。

模 块 五

演示文稿设计软件 PowerPoint 2010

PowerPoint 2010 是微软公司最新推出的一款办公软件的组件，其操作界面与之前的版本有较大的不同，同时新增了多项功能，与原有版本比较有了较大的改进和优化。PowerPoint 2010 简称 PPT，可以把文本、图形、动画、照片、声音、视频等各种信息合理地组织在一起，生动、形象地表达演示者需要讲述的信息。幻灯片设计别具特色，极具视听震撼力，演示效果极佳，现广泛应用于课堂教学、媒体讲座、设计制作、广告宣传、产品演示等教学、传授知识、促进交流领域中。制作完成后的演示文稿可以通过计算机或投影仪进行放映，从而达到最佳演示效果，也可以将演示文稿打印出来，制作成 CD 或胶片，或者还可以通过 Web 进行远程发布，或者与其他用户共享文件，以便应用到更为广泛的领域中。本章将详细介绍 PowerPoint 2010 的相关基础知识和操作。

任务一 PowerPoint 2010 演示文稿概述

知识与能力目标

1. 掌握 PowerPoint 2010 的启动与退出。
2. 了解 PowerPoint 2010 的工作界面。
3. 认识 PowerPoint 2010 的视图方式。

一、PowerPoint 2010 的启动与退出

（一）启动 PowerPoint 2010

启动 PowerPoint 2010 的方法有很多种，用户可以根据自身的习惯选择适合自己的启动方法。下面将分别介绍通过操作系统和桌面图标来启动 PowerPoint 2010 的方法。

1. 通过 Windows 7 操作系统的应用程序启动。"开始"→"所有程序"→"Microsoft Office"→"Microsoft PowerPoint 2010"。

2. 通过 Windows 7 操作系统的桌面快捷图标启动。

（二）退出 PowerPoint 2010

退出 PowerPoint 2010 常用的方法有如下四种：

1. 通过文件菜单中的"退出"命令退出。

2. 通过窗口右上角控制按钮中的"关闭" ❌ 退出。

3. 通过窗口左上角的"控制菜单" ⓟ 退出。

4. 通过"Alt + F4"组合键退出。

具体操作方法见 Word 2010、Excel 2010 相关章节。

二、PowerPoint 2010 工作界面

如图 5 - 1 所示，PowerPoint 2010 普通视图下的界面由标题栏、快速访问工具栏、功能区、幻灯片编辑窗口、占位符、"幻灯片"/"大纲"选项卡、"幻灯片"窗格、"备注"窗格、状态栏等组成。具体介绍如下：

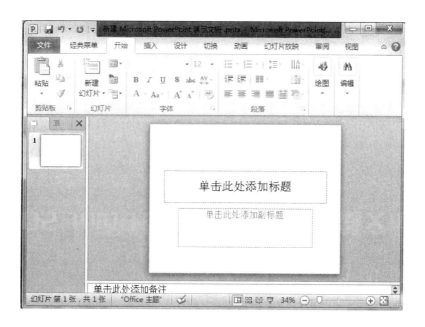

图 5 - 1 PowerPoint 2010 工作界面

（一）标题栏

标题栏位于 PowerPoint 2010 工作界面的最上方，用于显示当前正在编辑的演示文稿和程序名称。拖动标题栏可以改变窗口的位置，用鼠标双击标题栏可最大化和还原窗口。在标题栏的最右侧是"最小化"按钮 ▬ 、"最大化"按钮 ▢ 、"还原"按钮 ▢ 和关闭按钮 ✕ ，用于执行窗口的最小化、最大化、还原和关闭操作，如图 5 – 1 所示。

（二）快速访问工具栏

快速访问工具栏位于 PowerPoint 2010 工作界面的左上方，用于快速执行一些操作。默认情况下"快速访问"工具栏包含三个按钮，分别是"保存"按钮 ▦ 、"撤销键入"按钮 ↶ 和"重复键入"按钮 ↷ 。在 PowerPoint 2010 的使用过程中，用户可以根据实际工作需要，添加或删除"快速访问"工具栏中的命令选项，如图 5 – 1 所示。

（三）功能区

功能区位于标题栏的下方，默认情况下由 10 个选项卡组成，分别为文件、经典菜单、开始、插入、设计、切换、动画、幻灯片放映、审阅和视图。每个选项卡中包含了不同的功能区，功能区由若干组组成，每个组中由若干功能相似的按钮和下拉列表组成，如图 5 – 1 所示。

（四）幻灯片编辑窗口

又叫主工作区，位于窗口的中间，在此区域内可以向幻灯片中输入内容并对其内容进行编辑、插入图片、设置动画效果等，是 PowerPoint 2010 的主要操作区域，如图 5 – 1 所示。

（五）占位符

占位符是幻灯片编辑窗口上的虚线边框，可在其中键入文本或插入图片、图表、表格、影片、声音等对象。

（六）"幻灯片/大纲"窗格

"幻灯片/大纲"窗格位于幻灯片编辑窗口的左侧，其中有"幻灯片"选项卡和"大纲"选项卡。在"幻灯片"选项卡中，可以显示每个完整大小幻灯片的缩略图，可以拖动缩略图重新排列演示文稿中的幻灯片，还可以在"幻灯片"选项卡中添加或删除幻灯片，如图 5 – 1 所示。在"大纲"选项卡中，可以显示每张幻灯片中的标题和文字内容，并且还可以插入文本或插入图片、图表、表格、影片、声音等对象，如图 5 – 2 所示。

同时，在"幻灯片"窗格中，可以对幻灯片进行分节，把鼠标定位于需要分节的两张幻灯片中的空白位置，单击鼠标右键，弹出快捷菜单，选择"新增节"，如图 5 – 2 所示。待新增节后，用户可对其进行编辑，其功能如图 5 – 3 所示。

（七）"备注"窗格

"备注"窗格位于幻灯片编辑窗口的下方，用于为幻灯片添加备注，从而完善幻灯片的内容，以备参考，便于用户查找编辑，如图 5 – 1 所示。

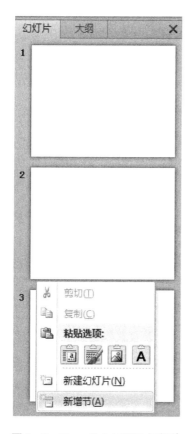

图 5 – 2　**PowerPoint 2010** 幻灯片
窗格中"新增节"命令

图 5 – 3　**PowerPoint 2010** 幻灯片
窗格中"新增节"菜单

（八）状态栏

状态栏位于窗口的最下方，它显示的信息非常丰富，具有很多功能，如查看幻灯片的张数、显示主题名称、语法检查、切换视图模式、幻灯片放映和调节显示比例等，如图 5 – 1 所示。

（九）Backstage 视图

PowerPoint 2010 为方便用户使用，新增了一个新的 Backstage 视图，在该视图中可以对演示文稿中的相关数据进行有效的管理，在普通视图下，单击"文件"菜单即可进入 Backstage 视图，其功能如图 5 – 4 所示。

三、PowerPoint 2010 视图方式

PowerPoint 2010 给用户提供了四种视图模式，分别是"普通视图""备注页视图""幻灯片浏览视图"和"幻灯片放映视图"。用户可以切换到不同的视图方式下对演示文稿进行查看与编辑，本节将详细介绍 PowerPoint 2010 视图方式和相关知识。

图 5-4　Backstage 视图

（一）普通视图

普通视图是 PowerPoint 2010 的默认视图，主要用于设计和编辑演示文稿，普通视图包含了三种窗格，分别是幻灯片浏览窗格、幻灯片编辑窗格和备注窗格。这些窗格方便用户在同一位置设置演示文稿的各种特征。拖动不同的窗格边框可以调整窗格的大小。在普通视图中，可以随时查看演示文稿中某张幻灯片的显示效果、文档大纲和备注内容等，如图 5-5 所示。

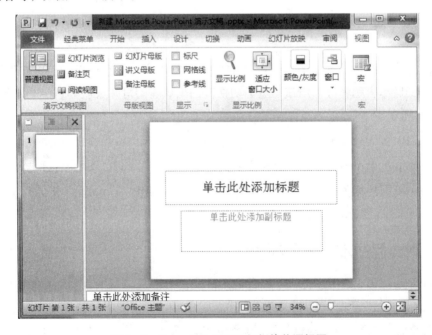

图 5-5　PowerPoint 2010 幻灯片普通视图

（二）备注页视图

备注页视图用于为演示文稿中的幻灯片添加备注内容，用户可以为每张幻灯片创建独立的备注页内容，在普通视图的备注页窗格中输入备注页内容后，如果准备以整个页面的形式查看和编辑备注，可以将演示文稿切换到备注页视图，在"视图"选项卡的"演示文稿视图"组中单击"备注页"按钮即可切换到备注页视图，如图5-6所示。

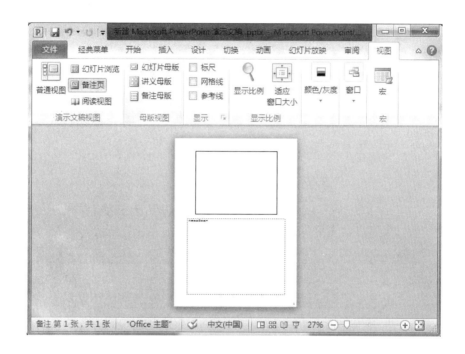

图 5 - 6 PowerPoint 2010 幻灯片备注页视图

（三）幻灯片浏览视图

PowerPoint 2010 中幻灯片浏览视图可以将演示文稿中的所有幻灯片内容按照缩略图的效果显示，以方便用户对整个演示文稿效果的查看，另外，还可以很方便地对幻灯片进行移动、复制、删除等操作。用户可以同时查看文稿中的多个幻灯片，从而可以很方便地调整演示文稿的整体效果。如果用户准备切换到幻灯片浏览视图，单击功能区中的"视图"选项卡的"演示文稿视图"组中的"幻灯片浏览"按钮即可，如图5-7所示。

（四）幻灯片放映视图

幻灯片放映视图用于切换到全屏显示效果下对演示文稿中的当前幻灯片内容进行播放。在幻灯片放映视图中，用户可以观看演示文稿的放映效果，但在该视图模式下，用户无法对幻灯片的内容进行编辑与修改，如果准备在幻灯片放映视图下播放幻灯片，可以在"状态栏"中的"切换视图模式"区域单击"幻灯片放映"按钮或者在键盘上按下幻灯片播放的快捷键 F5 来播放幻灯片。

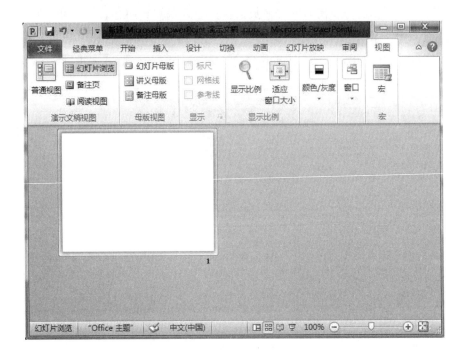

图 5 – 7　PowerPoint 2010 幻灯片浏览视图

任务二　PowerPoint 2010 演示文稿的基本操作

📖 知识与能力目标 ⌐

1. 理解 PowerPoint 2010 演示文稿的基础概念知识。
2. 掌握演示文稿的创建、保存、关闭、打开等基本操作。
3. 掌握幻灯片的选择、插入、复制、粘贴、移动和删除等基本操作。

一、基本概念

用户在系统学习 PowerPoint 2010 演示文稿的基本操作之前必须要了解 PowerPoint 2010 演示文稿的几个基本概念。

（一）演示文稿

PowerPoint 文件一般称为演示文稿，其扩展名为 .pptx。演示文稿由一张张既独立又相互关联的幻灯片组成。

（二）幻灯片

幻灯片是演示文稿的基本组成元素，是演示文稿的表现形式。幻灯片的内容可以是文字、图像、表格、图表、视频和声音等。

（三）幻灯片版式

幻灯片版式是指幻灯片中对象的布局方式，它包括对象的种类以及对象和对象之间的相对位置。

（四）幻灯片模板

幻灯片模板是指演示文稿整体上的外观风格，它包括预定的文字格式、颜色、背景图案等。系统提供了若干模板供用户选用，用户也可以自建模板，或者上网下载模板。

二、演示文稿的基本操作

在用户使用 PowerPoint 2010 制作演示文稿前，首先需要了解如何创建、保存、关闭和打开一个演示文稿，下面将以创建文件名为"爱护动物宣传活动.pptx"演示文稿并保存在文件夹"任务 5 – 1"为例，详细介绍演示文稿的相关知识及多种操作方法。

（一）创建演示文稿

创建演示文稿的方法有很多种，用户可根据自己的个人需要选择合适的方法进行操作。具体创建演示文稿的方法如下：

1. "打开演示文稿" → "文件" → "新建" → "空演示文稿"。

2. "桌面" → "鼠标右键" → "新建" → "空演示文稿"，如图 5 – 8 所示。

图 5 – 8　PowerPoint 2010 创建演示文稿

（二）保存演示文稿

当用户使用 PowerPoint 2010 制作演示文稿的部分内容或全部内容输入完成后，还需要对演示文稿进行保存，以防止错误操作而造成演示文稿丢失，因此用户需要把输入的内容从内存保存在硬盘中。具体的保存演示文稿的方法有：

1. 第一次保存演示文稿的方法。

（1）"打开演示文稿" → "文件" → "保存" → "另存为" → "文件名及扩

展名"为"爱护动物宣传活动.pptx"→"文件保存路径"→"保存",如图 5 − 9 所示。

图 5 − 9 PowerPoint 2010 另存为对话框

（2）"打开演示文稿"→"文件"选项卡→"另存为"→"文件名及扩展名"为"爱护动物宣传活动.pptx"→"文件保存路径"→"保存"。

（3）"打开演示文稿"→"Ctrl + S"组合键→"另存为"→"文件名及扩展名"为"爱护动物宣传活动.pptx"→"文件保存路径"→"保存"。

2. 保存已命名的演示文稿的方法。

（1）"文件"选项卡→"保存"。

（2）"保存"。

（3）"Ctrl + S"组合键。

3. 另存为新演示文稿的方法。"打开演示文稿"→"文件"选项卡→"另存为"→"新的文件名及扩展名"→"文件保存路径"→"保存"。

（三）关闭演示文稿

对制作的演示文稿保存后，可以将该文稿关闭，进而结束编辑工作，常用的关闭演示文稿的方法如下：

1. 通过文件菜单退出。

2. 通过窗口按钮退出。

3. 通过"控制菜单"按钮退出。

4. 通过组合键退出。

具体操作方法详见 Word 2010、Excel 2010 相关章节。

（四）打开演示文稿

打开演示文稿是指将已存储在磁盘中的演示文稿装入计算机内存中，并在 Power-Point 窗口显示出来。对于已经保存或者编辑过的演示文稿，用户需要再次打开进行查看与编辑时，常用方法如下：

1. "选中演示文稿"→"双击左键"或"右键"。

2. "文件夹"→"选中演示文稿"→"打开"。

3. "打开演示文稿"→"文件"→"最近所用文件"→"打开"。

具体操作方法详见 Word 2010、Excel 2010 相关章节。

三、幻灯片的基本操作

幻灯片是演示文稿的重要组成部分，一个完整的演示文稿是由多张幻灯片编辑制作完成的，向演示文稿中插入了数张幻灯片后，用户可以根据个人需要对其进行一些更改，如选择、插入、复制、粘贴、移动和删除幻灯片等。下面将详细介绍幻灯片的基本操作的相关知识及操作方法。

（一）选择幻灯片

在使用 PowerPoint 2010 对幻灯片进行编辑操作时，必须先选择需要编辑的幻灯片。下面将详细地介绍在"普通视图"的"幻灯片"窗格或在"幻灯片浏览视图"中的操作方法。

1. 选择单张幻灯片。"普通视图"的"幻灯片"窗格或"幻灯片浏览视图"→单击"指定幻灯片"。

2. 选择多张连续的幻灯片。单击"第一张幻灯片"→"Shift"键→单击"最后一张幻灯片"。

3. 选定多张不连续的幻灯片。单击"第一张幻灯片"→"Ctrl"键→单击"其他幻灯片"，如图 5 – 10 所示。

4. 选择所有幻灯片。按"Ctrl + A"组合键，或在"编辑"菜单下拉菜单中选择"全选"。

（二）插入新幻灯片

插入幻灯片是指在已有的演示文稿中插入新幻灯片。下面以在"普通视图"的"幻灯片"窗格或者在"幻灯片浏览视图"中插入幻灯片为例，介绍插入新幻灯片的操作方法。

1. "选择位置"→"右键"→"新幻灯片"。

2. "选择位置"→"插入"→"新幻灯片"。

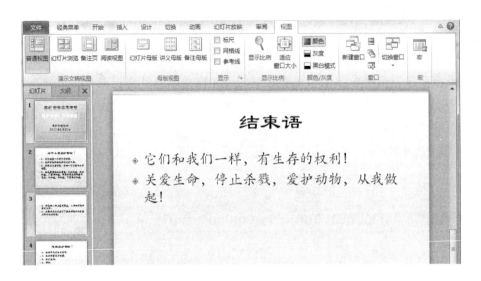

图 5 - 10　PowerPoint 2010 选择多张不连续的幻灯片

（三）复制、粘贴幻灯片

在 PowerPoint 2010 中，对于一些需要重复使用的幻灯片，用户可以将其复制并粘贴到指定位置处。下面将介绍在"普通视图"的"幻灯片"窗格或者在"幻灯片浏览视图"中插入幻灯片的操作方法。

1. 通过鼠标拖动复制。"选中幻灯片"→"Ctrl"键→"鼠标左键拖动到新位置"。

2. 通过菜单命令复制。"选中幻灯片"→"右键"→"复制"→"粘贴"。

3. 通过快捷键复制。"选中幻灯片"→"Ctrl + C"组合键→"Ctrl + V"组合键。

（四）移动幻灯片

在进行编辑演示文稿时，常常会需要将幻灯片的位置进行调整，移动幻灯片是将已有的幻灯片移动到指定的位置。下面将在"普通视图"的"幻灯片"窗格或者在"幻灯片浏览视图"中介绍移动幻灯片的操作方法。

1. "选中幻灯片"→"右键"→"剪切"→"粘贴"。

2. "选中幻灯片"→"鼠标左键拖动到新位置"。

（五）删除幻灯片

在编辑幻灯片的过程中，如果遇到不需要的幻灯片，用户需要将其删除。下面将在"普通视图"的"幻灯片"窗格或者在"幻灯片浏览视图"中介绍删除幻灯片的操作方法。

1. "选中幻灯片"→"鼠标右键"→"删除"。

2. "选中幻灯片"→"Delete"键。

任务三　编辑幻灯片

知识与能力目标

1. 掌握文本信息的输入与编辑等基本操作。

2. 掌握设置字体、段落格式、项目符号和编号等操作。

3. 掌握插入表格、图像、插图、页眉和页脚、日期和时间、幻灯片编号、艺术字、项目符号和编号、符号和特殊符号及多媒体对象等操作。

下面以为演示文稿"爱护动物宣传活动.pptx"编辑各幻灯片的内容为例，将详细介绍编辑幻灯片的相关知识和基本操作：

打开文件夹"任务 5-1"中的"爱护动物宣传活动.pptx"演示文稿，按照以下要求完成相应的操作：

1. 插入空白幻灯片使该演示文稿包括 5 张幻灯片；

2. 第一张幻灯片为封面页，在该幻灯片中插入标题，宣传活动部门和日期，还插入"爱护动物，从我做起！"文本框；

3. 第二、三张幻灯片输入"为什么要爱护动物？"及其内容；

4. 第四张幻灯片输入"怎样爱护动物？"及其内容；

5. 第五张幻灯片输入"结束语"及其内容，其外观效果如图 5-11 所示。

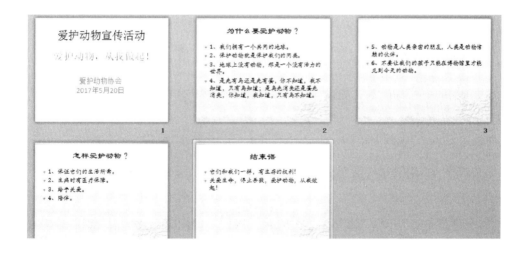

图 5-11　任务 5-1 外观效果

一、文本输入与编辑

（一）文本输入

1. 什么是占位符。占位符，就是占版面中一个固定的位置，供用户向其中添加内容，在 PowerPoint 2010 中，占位符表现为一个带有虚线边框的方框，在这些方框内可以放置标题、正文、SmartArt 图形、表格和图片等对象。另外，在占位符内部往往会有"单击此处添加文本"之类的提示语，一旦鼠标单击之后，提示语会自动消失。

2. 在占位符中输入文本。当用户需要创建模板时，占位符能起到规划幻灯片结构的作用，调节幻灯片版面中各部分的位置和所占面积的大小，其操作步骤如下：

"打开演示文稿"→"占位符"→"输入文本"，如输入"爱护动物宣传活动"，如图 5 – 12 所示。

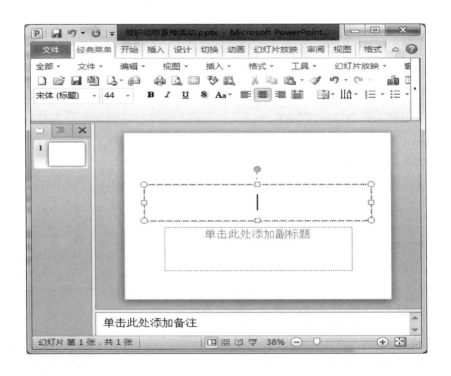

图 5 – 12　PowerPoint 2010 在标题占位符中点击文本插入点

3. 通过添加文本框输入文本。当幻灯片的版式不能满足用户的需要时，就需要用户自己添加文本框进行输入文本，并调整文本框的位置和所占面积的大小，其操作步骤如下：

"打开演示文稿"→"插入"→"文本框"→"横排文本框"→单击"占位符"→"输入文本"，如输入"爱护动物，从我做起!"，如图 5 – 13 所示。

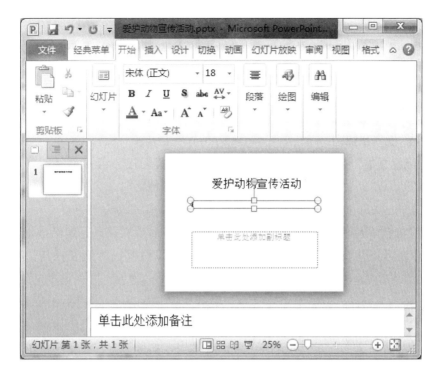

图 5 - 13　PowerPoint 2010 插入横排文本框

4. 在"大纲"窗格中输入文本。使用 PowerPoint 2010 在"大纲"和"幻灯片"窗格区域中，选择"大纲"选项卡，然后将光标定位在"标题"按钮右侧，在光标定位处输入相应的文字内容即可完成输入文本的输入。

5. 添加备注文本。使用 PowerPoint 2010 时，添加备注文本可以让用户在演示的过程中更好地起到提示作用，其步骤如下：

"打开演示文稿"→"备注"窗格→"输入文本"。

（二）编辑文本

在掌握了如何输入文本内容之后，用户在制作幻灯片的过程中常常还需要对文本进行编辑操作，如选择文本、复制与移动文本、删除与撤销删除文本和查找与替换文本等。

1. 选择文本。用户在完成输入文本后，还需要对文本内容进行编辑操作，首先必须对文本内容进行选择操作，其操作步骤为：

单击准备进行选择文本的占位符左侧，此时在文本的左侧会出现文本插入点，再单击并拖动鼠标，从文本的左侧开始拖动至需要选择的文本处，光标经过的文本内容会呈现选中状态，选择目标文本内容后，释放鼠标即可完成选择文本的操作，具体操作方法见 Word 2010 相关章节。

2. 移动与复制文本。在用户编辑文本的过程中，还常常需要对文本进行复制与移动等操作，从而提高工作效果，省去不必要的编辑文本时间，移动文本操作步骤为：

"打开演示文稿"→选择→"开始"选项卡→"剪切板"组→"剪切"→"定位文本插入点"→"开始"选项卡→"剪切板"组→"粘贴"。

复制文本操作步骤为：

"打开演示文稿"→选择→"开始"选项卡→"剪切板"组→"复制"→"定位文本插入点"→"开始"选项卡→"剪切板"组→"粘贴"。

具体操作方法见 Word 2010 相关章节。

3. 删除与撤销删除文本。在 PowerPoint 2010 中对演示文稿进行编辑操作时，如果文本输入有误可将其删除。如果误将文本删除也可以对其进行恢复操作，其操作步骤为：

"打开演示文稿"→选中→"Delete"键或"撤销键入"，具体操作方法见 Word 2010 相关章节。

4. 查找与替换文本。在编辑文本内容的过程中，如果文本输入了错误的信息，可以利用查找与替换功能快速修改文本中的错误内容，其操作步骤为：

"打开演示文稿"→"开始"选项卡→"编辑"→"查找"→"查找内容"→"输入"，如输入"宣传"→"全部查找"→"替换"→"替换为"，如输入"倡导"→"全部替换"→"确定"→"关闭"，具体操作方法见 Word 2010 相关章节。

二、设置字体格式

在幻灯片中完成文本的输入后，用户还常常需要对文本字体进行格式的设置，此时，用户可以通过 PowerPoint 2010 提供的功能来进行设置文本字体的格式，其具体操作方法见 Word 2010 相关章节。

三、设置段落格式

在编辑演示文稿时，用户除了可以对文本内容进行字体格式的更改外，还可以对段落文本内容进行更多的格式效果设置。操作方法如下：

"打开演示文稿"→选中段落→"开始"选项卡→"段落"选项组→命令→"段落"对话框→"设置相应参数"→"确定"，具体操作方法见 Word 2010 相关章节。

四、设置项目符号和编号

在编辑幻灯片时，用户还可以为文本内容统一添加项目符号和编号，从而使文档更为整洁和美观，更具条理性。操作方法如下：

"打开演示文稿"→选中文本→"开始"选项卡→"段落"选项组→"项目符号"或"编号"→"设置相应参数"→"确定",具体操作方法见 Word 2010 相关章节。

五、应用其他多媒体对象

（一）插入表格

在编辑演示文稿中,用户可以给幻灯片添加表格,操作方法如下：

"打开演示文稿"→"光标定位"→"插入"选项卡→"表格"选项组,然后分别进行插入和设置,具体操作方法见 Word 2010 相关章节。

（二）插入图像

在编辑演示文稿的过程中,用户需要对一些文本进行深入说明可以在幻灯片中插入图像,如图片、剪贴画、屏幕截图或相册等,并根据需要对其进行编辑,从而使幻灯片达到图文并茂的效果,方法如下：

1. 插入图片、剪贴画或屏幕截图。用户在编辑幻灯片时需要插入图片、剪贴画或屏幕截图等对象,操作方法如下：

"打开演示文稿"→"光标定位"→"插入"选项卡→"图像"选项组→"图片""剪贴画"或"屏幕截图"等,如图 5 – 14 所示,然后分别进行插入和设置,具体操作方法见 Word 2010 相关章节。

图 5 – 14 PowerPoint 2010 插入图像功能

2. 相册。PowerPoint 2010 软件还增加了插入相册的功能,为用户提供了很好的处理照片的方法,其操作步骤如下：

"打开演示文稿"→"光标定位"→"插入"选项卡→"图像"选项组→"相册"→"新建相册"命令→"相册"对话框→"文件/磁盘"→"插入新图片"→"Ctrl"键或"Shift"键选中对象→"插入",如图 5 – 15 所示,返回"相册"对话框后,"相册版式"→"图片版式"→"选择照片在幻灯片的数量"→"适应幻灯片尺寸"→"创建",如图 5 – 16 所示。

图 5 – 15 PowerPoint 2010 "相册"中插入新图片对话框

图 5 – 16 PowerPoint 2010 "相册"中插入相册对话框

相册创建成功后就可以给相册添加封面并命名，如图 5 – 17 所示，最后单击窗口左上角的"保存"保存相册。

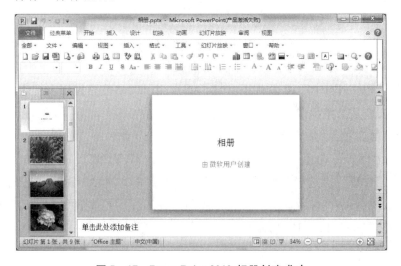

图 5 – 17 PowerPoint 2010 相册创建成功

（三）插入插图

在编辑演示文稿的过程中，对于一些具有说明性的图形内容，用户可以在幻灯片中插入自选图形的内容，并根据需要对其进行编辑，从而使幻灯片达到图文并茂的效果，操作方法如下：

"打开演示文稿"→"光标定位"→"插入"选项卡→"插图"选项组→"形状""SmartArt""图表"，如图 5 – 18 所示，然后分别进行插入和设置，其具体方法详见 Word 2010 相关章节。

图 5 – 18　PowerPoint 2010 "插入插图" 选项组

（四）插入页眉和页脚

在编辑幻灯片时可以插入页眉和页脚，操作方法如下：

"打开演示文稿"→"光标定位"→"插入"选项卡→"文本"选项组→"页眉和页脚"，再根据用户需要进行设置，其具体方法详见 Word 2010 相关章节。

（五）插入日期和时间

在完成演示文稿后，可以给幻灯片插入制作的日期和时间，操作方法如下：

"打开演示文稿"→"光标定位"→"插入"选项卡→"文本"选项组→"日期和时间"进行设置，再根据用户需要进行设置。

（六）插入幻灯片编号

在制作演示文稿幻灯片时，用户可以给幻灯片插入编号，操作方法如下：

"打开演示文稿"→"光标定位"→"插入"选项卡→"文本"选项组→"幻灯片编号"进行设置，再根据用户需要进行设置。

（七）插入艺术字

在制作演示文稿过程中，用户可以给幻灯片添加艺术字，操作方法如下：

"打开演示文稿"→"光标定位"→"插入"选项卡→"文本"选项组→"艺术字"→"选择样式"→"输入文本"→"确定"→"调整位置"，在插入艺术字的同时，也可以更改艺术字样式和排版，其具体操作方法详见 Word 2010 相关章节。

（八）插入符号和特殊符号

在编辑幻灯片的过程中，用户还常常需要输入一些符号和特殊符号来配合文本进行说明，而一些符号内容往往不能直接通过键盘输入来完成，此时，用户可以通过 PowerPoint 2010 提供的符号功能来插入所需要的符号内容。

1. 插入符号。如果准备在演示文稿中输入一些特殊符号，用户可以使用 PowerPoint 2010 自带的符号，操作方法如下：

"打开演示文稿"→"光标定位"→"插入"选项卡→"符号"选项组→"符号"→"符号"对话框→"选择符号"→"插入"→"关闭"，其具体操作方法详见 Word 2010 相关章节。

2. 插入特殊符号。对于一些特殊符号的输入，用户需要通过单击"符号"组中的"公式"来实现，操作方法如下：

"打开演示文稿"→"光标定位"→"插入"选项卡→"符号"选项组→"公式"→"设计"选项卡→"选择特殊符号"→"插入"→"关闭"，其具体操作方法详见 Word 2010 相关章节。

（九）插入 Excel 工作表

用户需要插入 Excel 工作表时，可通过以下操作方法完成：

"打开演示文稿"→"光标定位"→"插入"选项卡→"文本"选项组→"文本"组→"对象"→"插入对象"对话框→选择"对象类型"列表框中的"Microsoft Excel 工作表"选项→"确定"，如图 5 - 19 所示。

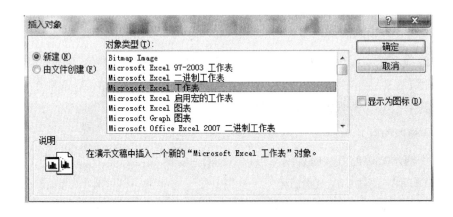

图 5 - 19　插入对象对话框

（十）插入媒体

为了让观看效果更好，在制作演示文稿时用户可以选择给幻灯片插入媒体，如视频和音频等，操作方法如下：

"打开演示文稿"→"光标定位"→"插入"选项卡→"媒体"组中的"视频"或"音频"→"光标定位"→"插入"选项卡→分别弹出"插入视频文件"或"插入

音频文件"对话框，再根据用户需要进行设置，如图 5 – 20 或图 5 – 21 所示。

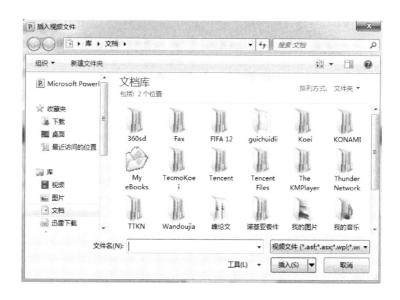

图 5 – 20 PowerPoint 2010 插入视频对话框

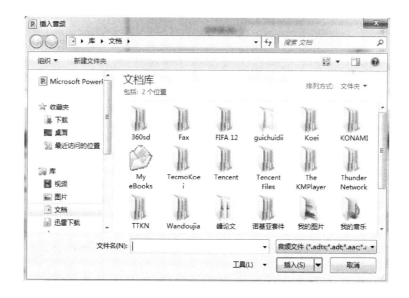

图 5 – 21 PowerPoint 2010 插入音频对话框

任务四 设计幻灯片版式

知识与能力目标

1. 掌握应用幻灯片版式。
2. 掌握应用演示文稿主题。
3. 掌握应用背景样式。
4. 掌握应用幻灯片母版。

下面以为演示文稿"爱护动物宣传活动.pptx"设计各幻灯片的主题为例，介绍设计幻灯片的版式的基础知识和操作步骤。

打开文件夹"任务 5 - 1"中的"爱护动物宣传活动.pptx"演示文稿，按照以下要求完成相应的操作：

为了观察多个不同主题的外观效果，第一张幻灯片与其他幻灯片的主题不同，第一张幻灯片的主题为"跋涉"，其他幻灯片的主题为"龙腾四海"。

一、应用幻灯片版式

幻灯片版式指在幻灯片上显示的全部内容之间的位置排列方式及相应的格式，各内容以占位符的形式显示在版式中。幻灯片内容包括文本、图片、图表、表格、Smart-Art 图形、影片、声音及剪贴画等。不同的幻灯片页面可根据内容表达的需要选择不同的版式。

用户可创建满足特定需求的自定义版式，以便多次重复使用，如图 5 - 22 所示。其操作方法如下：

1. 通过选项卡命令设置幻灯片版式。"打开演示文稿"→"选择幻灯片"→"开始"选项卡→"版式"下拉列表→"选择版式"。

2. 通过快捷菜单命令设置幻灯片版式。"打开演示文稿"→"选择幻灯片"→"空白处右键"→"版式"→"选择版式"。

二、应用演示文稿主题

演示文稿主题指在演示文稿上显示的全部内容之间的位置排列方式及相应的格式，各内容以占位符的形式显示在版式中，设置了幻灯片的颜色、字体、效果、背景等格式，应用主题功能可以很方便地使演示文稿快速地达到预设的效果，从而简化设置的操作过程。

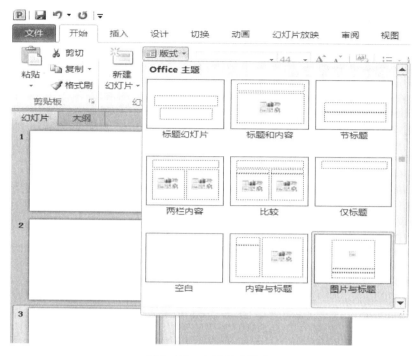

图 5 – 22　内置标准版式

（一）应用主题

PowerPoint 2010 内置了很多主题，在设计幻灯片的时候，用户可以根据需要选择相应的主题，也可以单击"浏览主题"选择计算机上的其他主题。当用户选择一个主题后，所有幻灯片自动转换成主题样式。其具体操作步骤如下：

"打开演示文稿"→"选择第一张幻灯片"→"设计"选项卡→"主题"组的下拉箭头→"选择主题"，如"跋涉"→"应用于选定幻灯片"→"设置主题"，如"龙腾四海"，效果如图 5 – 23 所示。

图 5 – 23　应用幻灯片主题

（二）自定义主题

单击"设计"选项卡中的"主题"组的"颜色""字体""效果"下拉列表，选择用户需要的颜色、字体及效果，进行自定义主题的设置，如图5-24所示，自定义主题后，单击"保存当前主题"命令即可创建用户自己的主题。

图5-24 自定义幻灯片主题

三、应用背景样式

背景样式是系统内置的一组背景效果，包括深色和浅色两种，可随着用户所选择的主题样式的变化而变化。应用背景样式的操作步骤如下：

"打开演示文稿"→"选择幻灯片"→"设计"选项卡→"背景"组→"背景样式"→"选择内置背景样式"→"应用于选定幻灯片"或"应用于所有幻灯片"，如图5-25所示。

图5-25 应用背景样式

四、应用幻灯片的母版

幻灯片母版是存储关于模板信息的设计模板，它可用于设置幻灯片的样式，控制幻灯片的格式，可供用户设定主题、文字、颜色、效果、背景、属性等。本部分将详细介绍关于认识幻灯片母版方面的知识。

（一）幻灯片母版工作界面

幻灯片母版是模板的一部分，它主要用于设置统一的演示文稿的风格。当用户使用幻灯片母版时，可批量修改样式和统一添加内容，具有省时、便利等优点。

PowerPoint 2010 提供了多种样式的母版，母版主要由占位符边框、幻灯片区、显示项目符号、日期区、页脚区和数字区等组成，可以对演示文稿中的每张幻灯片（包括以后添加到演示文稿中的幻灯片）进行统一的样式更改。在创建和编辑幻灯片母版或相应版式时，将在"幻灯片母版"视图下操作。

用户应选择"视图"选项卡的"母版视图"组，单击"幻灯片母版"按钮，幻灯片母版视图如图 5 – 26 所示。

图 5 – 26　幻灯片母版视图

从上图幻灯片母版视图中，母版的各个组成部分如下：

1. 标题边框：添加标题，设置标题文本格式；
2. 幻灯片区：添加文本，设置文本样式；
3. 项目符号：设置项目符号样式；
4. 日期区：输入日期，设置日期样式；
5. 页脚区：输入页脚内容，设置页脚格式；
6. 数字区：输入数字，设置数字样式。

（二）创建和编辑幻灯片母版

幻灯片母版用于存储有关演示文稿的主题和幻灯片版式，包括幻灯片的背景、颜色、字体、效果、占位符的大小和位置的外观，还有标题和副标题文本、列表、图片、表格、图表、自选图形和视频等元素的排列方式等。编辑幻灯片母版的操作步骤如下：

"打开演示文稿"→"新建"→"空白演示文稿"→"视图"选项卡→"母版视图"组→"幻灯片母版"，进入幻灯片母版工作界面，"幻灯片母版"选项卡如图 5 -27 所示。

图 5 - 27　"幻灯片母版"选项卡

在"幻灯片母版"选项卡→"编辑主题"组→"主题"下拉按钮→选择合适的主题→"背景"组→"背景样式"→"选择背景"→"开始"选项卡→"字体"组→"字体"下拉按钮→"更改标题字符格式"→"添加其他内容"→"保存为扩展名为 . pot 的幻灯片母版"。

任务五　添加幻灯片的动画、切换效果与交互

知识与能力目标

1. 掌握设置幻灯片动画。
2. 掌握设置切换效果与交换。

下面以给演示文稿"爱护动物宣传活动 . pptx"的添加动画效果为例详细介绍幻灯片添加动画及切换效果的相关知识和操作。

打开文件夹"任务 5 - 1"中的"爱护动物宣传活动 . pptx"演示文稿，按照以下要求完成相应的操作：

1. 给第一张幻灯片中的标题文字"爱护动物宣传活动"添加动画"进入"的"飞入"效果；给艺术字"爱护动物，从我做起!"自定义动画设置为"进入"的"轮子"，"爆炸"声音，单击时开始，延迟 3 秒，期间中速 2 秒；给副标题文字"爱护动物协会 2017 年 5 月 20 日"添加动作路径"六角星"效果；

2. 为其他各张幻灯片设置不同的动画效果；

3. 设置幻灯片的切换效果为"擦除"，"持续时间"设置为"02.00"，"换片方

式"设置为"单击鼠标时"。

一、添加动画效果

PowerPoint 2010 为用户提供了多种动画方案，用户在制作演示文稿幻灯片时可以设置各自需要的动画效果，不但可以增强幻灯片的演示效果，还可以使用预设方案快速地设计动画效果，从而提高演示文稿的制作速度。

（一）为对象添加动画

PowerPoint 2010 为用户提供了进入、强调、推出等几十种动画效果，用户可以通过为对象添加、更改与删除动画效果的方法来提高幻灯片多姿多彩的播放效果。

1. 添加动画效果。"打开演示文稿"→选择幻灯片中的对象→"动画"选项卡→"动画"组→"动画样式"下拉列表→"选择动画效果"，如"飞入"，如图 5 – 28 所示。

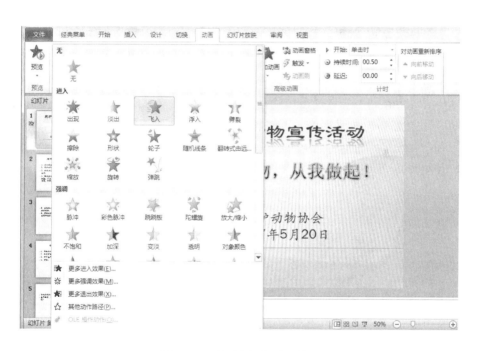

图 5 – 28　为对象添加动画效果

另外，用户还可以通过"打开演示文稿"→选择幻灯片中的对象→"动画"选项卡→"动画"组→"动画样式"下拉列表→"更多进入效果"→"设置动画效果"，可以为对象添加更多进入、强调或退出等的动画效果。

2. 更改动画效果。当对象设置了动画以后，如果需要更改动画效果，只需要选中对象，单击"动画"选项卡中的"动画"组的"动画样式"的其他动画效果即可更改动画效果。

3. 删除动画效果。当用户不再需要已添加的动画效果时，只需要选中对象，单击"动画"选项卡中的"动画"组的"动画样式"的"无"命令即可删除原有的动画效果。

（二）设置自定义动画

PowerPoint 2010 中提供的默认动画方案固然很方便，但是由于数量有限，且动画效果非常单调，无法满足用户制作出多姿多彩的动画效果的需求。这时，用户就可以通过自定义动画设置出自己需要的动画效果。

1. 添加动画效果。如果准备设置自定义动画，首先应该添加动画效果到幻灯片中，其操作方法如下：

"打开演示文稿"→"选择"幻灯片中的对象→"动画"选项卡→"高级动画"组→"动画窗格"→"高级动画"组→"添加动画"→"选择动画样式"，如"轮子"。

2. 设置自定义动画效果。为幻灯片设置了自定义动画效果后，用户可以根据不同的需要设置动画开始的方式、运动方向、播放速度、声音效果以及重复播放的次数等，方法步骤如下：

"打开演示文稿"→"选择已设置动画效果的对象"→"动画"选项卡→"高级动画"组下拉按钮→"效果选项"→"轮子"对话框→"效果"选项卡→"声音"下拉按钮，如"爆炸"，如图 5-29 所示。继续进行设置，"计时"选项卡→"延迟"微调框→"3 秒"→"期间"下拉按钮→设置"动画播放期间"→"确定"，如图 5-30 所示。

图 5-29 设置"轮子"效果对话框

图 5 - 30　设置"轮子"计时对话框

在"动画窗格"任务窗格中，用户可以看到选择的动画效果已经被添加，单击"播放"，如图 5 - 31 所示。

图 5 - 31　添加动画效果后的"动画窗格"

（三）设置动作路径

为对象添加自定义动画效果之后，为了突出显示对象的动态效果，还可以设置动画的进入路径，常用的方法步骤有：

"打开演示文稿"→选择幻灯片中的对象→"动画"选项卡→"高级动画"组→"添加动画"下拉列表→"其他动画路径"项→"其他动画路径"对话框→"基本"区域选择动作路径形状，如"六角星"→"确定"，如图 5 - 32 所示。

二、幻灯片的切换效果

用户除了可以给幻灯片的动画方案进行设置外，还可以对幻灯片的切换效果进行设置。幻灯片的切换效果是指在幻灯片放映视图中连续两张幻灯片之间的过渡效果，即从一张幻灯片切换到下一张幻灯片时出现的动态效果，同时，可以设置包括声音、持续时间、换片方式等效果。在 PowerPoint 2010 中可以为演示文稿设置不同的切换方式，以增加幻灯片的效果。本部分将介绍设置幻灯片切换效果的相关知识及操作方法。

图 5 – 32 添加动作路径对话框

（一）添加切换效果

在 PowerPoint 2010 中预设了细微型、华丽型、动态内容三种类型的切换效果。下面以细微型的"擦除"方式为例介绍其操作方法。

"打开演示文稿"→"选择"幻灯片对象→"切换"选项卡→"切换到此幻灯片"组→"切换方案"→"选择切换方案"，如细微型中的"擦除"。

（二）设置切换效果

添加好切换效果以后，可以通过"切换"选项卡→"切换到此幻灯片"组→"效果选项"下拉列表→"选择切换的具体样式"，如"持续时间"设置为"02.00"，"换片方式"设置为"单击鼠标时"，如图 5 –33 所示。

图 5 – 33 效果选项

三、幻灯片的交互

在 PowerPoint 2010 中的演示文稿幻灯片主要通过超链接来实现交互，超链接是一个幻灯片指向另一个幻灯片或者其他对象的链接关系。在编辑演示文稿中，链接常用的有超链接和动作等，具体内容如下：

（一）文本链接

"打开演示文稿"→"选择对象"→"插入"选项卡→"链接"组→"超链接"→"插入超链接"对话框→选择"文件""网页""本文档中的位置""新建文档"或"电子邮件地址"等，例如用户选择"本文档中的位置"，然后在"请选择文档中的位置"列表中选择一张具体的幻灯片，再单击"确定"按钮，如图5-34所示，其具体操作方法详见 Word 2010 相关章节。

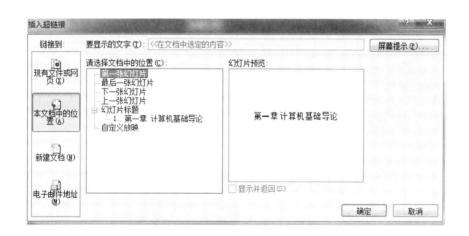

图5-34　"插入超链接"对话框

（二）文本动作链接

当用户需要对文本、图像等插入一些动作，PowerPoint 2010 也具有这个功能，在幻灯片中插入动作能让幻灯片更具有动感，其操作方法如下：

"打开演示文稿"→选择对象→"插入"选项卡→"链接"组→"动作"→"动作设置"对话框→"超链接到"→"设置参数"→"确定"，如图5-35所示。

（三）利用动作按钮链接

除此以外，PowerPoint 2010 还可以为用户提供利用动作按钮链接这个功能，其操作方法如下：

"打开演示文稿"→选择对象→"插入"选项卡→"插图"组→"形状"下拉列表→"动作按钮"栏的形状→拖动鼠标左键绘制形状→"动作设置"对话框→"超链

接到"→"设置选项",如图5-36所示。

图 5-35   PowerPoint 2010 "动作设置" 对话框

图 5-36   利用动作按钮链接对话框

(四) 录制旁白

旁白是对演示文稿的解释,在 PowerPoint 2010 中,用户可以根据需要将录制的解说内容添加到幻灯片中,使其在放映过程中自动播放进行讲解,这样可以使演示文稿内容更加易懂，其操作方法如下：

"打开演示文稿"→"幻灯片放映"选项卡→"设置"组→"录制"下拉列表→"从头开始录制"选项→"录制幻灯片演示"对话框→"旁白和激光笔"复选框→"开始录制"，如图 5 – 37 所示。

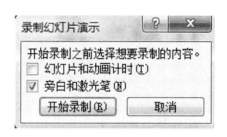

图 5 – 37　录制幻灯片对话框

当演示文稿切换到全屏模式下开始录制，并显示"预览"工具栏，单击"下一项"即可进入下一张幻灯片的录制，最后再根据用户的需要选择相应的选项。

任务六　设置幻灯片的放映方式与输出

知识与能力目标

1. 熟练掌握设置幻灯片放映。

2. 放映幻灯片。

3. 应用排练计时。

4. 打包、发布和打印演示文稿。

下面以设置演示文稿"爱护动物宣传活动.pptx"的幻灯片放映与输出为例介绍如何设置幻灯片的放映方式与输出的相关知识和操作方法。

打开文件夹"任务 5 – 1"中的"爱护动物宣传活动.pptx"演示文稿，按照以下要求完成相应的操作：

1. 设置"爱护动物宣传活动.pptx"演示文稿方式为观众自行浏览（窗口），放映时循环放映、按 Esc 键终止、不加旁白、动画、从第一张幻灯片开始全部放映幻灯片；

2. 对演示文稿"爱护动物宣传活动.pptx"进行排练计时；

3. 将演示文稿"爱护动物宣传活动.pptx"打包到同一个文件中，CD 命名为"爱护动物宣传活动 CD"；

4. 以"4 张水平放置的幻灯片"方式打印幻灯片讲义。

一、幻灯片放映设置

完成演示文稿制作后，PowerPoint 2010 给用户提供了幻灯片放映设置功能，用户不仅可以设置幻灯片的放映类型，还可以对放映选项、幻灯片换片方式等内容进行设置，从而使演示文稿按照用户需要进行更好的放映。

（一）幻灯片放映类型

PowerPoint 2010 为用户提供了三种不同的放映类型选项，用户可以根据需要选择合适的放映类型。下面将分别介绍这三种不同类型的放映类型选项。

1. 演讲者放映（全屏幕）。用于可运行全屏显示的演示文稿。这是一种最为常见的放映方式，通常用于演讲中自行播放演示文稿，演讲者对其所讲内容的幻灯片具有完整的控制权，可以自行选择自动或人工放映方式。演讲者可以根据需要控制演示文稿的暂停，添加会议细节等，还可以在放映过程中记录旁白。

2. 观众自行浏览（窗口）。此种模式可用于小规模的演示，在播放时，演示文稿将出现在小型窗口内，并提供在放映时移动、编辑、复制和打印幻灯片等命令。在此方式中不能单击鼠标进行放映，用户可以使用滚动条从一张幻灯片移动到下一张或上一张幻灯片，当然，也可以使用键盘上的"Page Down"键和"Page Up"键进行控制，还可以使用鼠标滚轮切换幻灯片。

3. 在展台浏览（全屏幕）。当用户设置放映类型为"在展台浏览（全屏幕）"后，在播放演示文稿时，大多数的控制命令都不可用，并且在每次放映完毕后会自动重新播放，该方式适用于展览会场或特殊会议，演示文稿为自动放映状态，其播放效果和"演讲者放映（全屏幕）"一样。

（二）设置幻灯片放映方式

除了设定放映类型，在放映幻灯片时，如果对放映的效果有较高的要求，用户还可以对演示文稿的放映方式进行其他的设置，下面将介绍相关的操作方法。

"打开演示文稿"→"幻灯片放映"选项卡→"设置"组→"设置幻灯片放映"→"设置放映方式"对话框→"放映类型"，如"观众自行浏览（窗口）"→"放映幻灯片"，如"全部"或"从 1 到 5"→"放映选项"区域，如"循环放映，按 Esc 键终止""放映不加旁白"和"放映时不加动画"复选项→"确定"，如图 5 - 38 所示。

（三）自定义放映

为使一个演示文稿适应不同观众的要求，在 PowerPoint 2010 中，用户还可以根据实际编排、放映演示文稿的具体要求，创建一个自定义的放映模式，下面将介绍其操作方法。

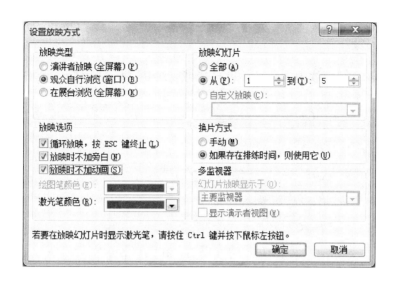

图 5 - 38　设置观众自行浏览（窗口）对话框

"打开演示文稿"→"幻灯片放映"选项卡→"开始放映幻灯片"组→"自定义幻灯片放映"→"自定义放映"菜单项→"自定义放映"对话框→"新建"→"定义自定义放映"对话框→"幻灯片放映名称"文本框→"输入放映幻灯片名称"，如"爱护动物宣传活动"→"选择幻灯片"→"添加"，如图 5 - 39 所示。

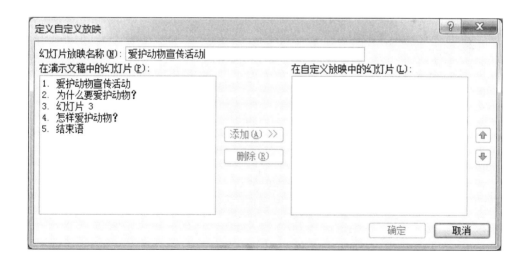

图 5 - 39　定义自定义放映对话框

返回到"自定义放映"对话框中，用户可以通过"自定义放映"列表框中新添加的自定义放映幻灯片→"关闭"→返回到幻灯片页面→"自定义放映"→开始自定义放映幻灯片。

二、放映幻灯片

设置好演示文稿的放映方式后，用户就可以对其进行放映了，在放映演示文稿时可以自由控制，其主要包括启动与退出幻灯片放映、控制幻灯片放映、添加墨迹注释、设置黑屏或白屏，以及隐藏或显示鼠标指针等。

（一）启动幻灯片放映

打开演示文稿，选择"幻灯片放映"选项卡，在"开始放映幻灯片"组中单击"从头开始"即可启动幻灯片放映。

（二）退出幻灯片放映

如果幻灯片放映结束，用户可以将其退出，在幻灯片放映页面中，右击任意位置，在弹出的快捷菜单中选择"结束放映"选项或按"Esc"键即可结束放映，并返回幻灯片编辑界面中。

（三）控制幻灯片的放映

在播放演示文稿时，用户可以根据具体情境的不同对幻灯片的放映进行控制，如播放上一张幻灯片或下一张幻灯片、直接定位准备播放的幻灯片、暂停或继续播放幻灯片等操作，其步骤如下：

打开演示文稿→幻灯片放映页面→任意位置右击鼠标→"下一张幻灯片"菜单项→任意位置右击鼠标→"定位至幻灯片"菜单项→"选择幻灯片"，如选择"暂停"菜单项可暂停放映播放中的幻灯片，如选择"继续执行"菜单项可继续播放该幻灯片，如图 5 - 40 所示。

图 5 - 40　定位至幻灯片快捷菜单

（四）添加墨迹注释

在放映幻灯片时，如果需要对幻灯片进行讲解或标注，用户可以直接在幻灯片中添加墨迹注释，如圆圈、下划线、箭头或说明的文字等，用以强调要点或阐明关系，步骤如下：

打开演示文稿→"幻灯片放映页面"→任意位置右击鼠标→"指针选项"，如"笔"菜单项→拖动鼠标指针绘制→"继续放映幻灯片"→"Microsoft PowerPoint"对话框→"保留"。

（五）设置黑屏或白屏

为了在幻灯片播放期间进行讲解，用户可以将幻灯片切换为黑屏或白屏以转移观众的注意力，其步骤如下：

在幻灯片放映页面中，右击任意位置，在弹出的菜单中选择"屏幕"菜单项，在其弹出的子菜单中选择"黑屏"或"白屏"菜单项即可。

（六）隐藏或显示鼠标指针

在播放演示文稿时，用户如果觉得鼠标指针出现在屏幕上会干扰幻灯片的放映效果，可以将鼠标指针隐藏，有需要时，还可以通过设置再次将鼠标指针显示。

在幻灯片放映页面中，右击任意位置，在弹出的快捷菜单中选择"指针选项"菜单项，在弹出的子菜单中选择"箭头选项"菜单项，在弹出的菜单中选择"永远隐藏"菜单项即可隐藏鼠标指针。

如果准备重新显示鼠标指针，右击任意位置，在弹出的快捷菜单中选择"指针选项"菜单项，在弹出的子菜单中选择"箭头选项"菜单项，在弹出的菜单中选择"可见"菜单项即可重新显示鼠标指针。

三、应用排练计时

在放映演示文稿时，用户如果需要设置每一张幻灯片在播放过程中的显示时间，则可通过设置排练计时以确保演示文稿满足特定的播放时间。

（一）设置排练计时

排练计时是通过预演计算每一张幻灯片的播放时间，从而形成的幻灯片放映计时方案，其步骤如下：

打开演示文稿→"幻灯片放映"选项卡→"设置"组→"排练计时"→切换到全屏模式下播放，并显示"预览"工具栏→"下一步"，如图 5-41 所示。

此时，弹出"Microsoft PowerPoint"对话框询问用户是否保留排练时间，单击"是"则保留排练时间，继而将进入幻灯片的浏览视图，在每一张幻灯片下方将显示已设置的持续时间。

图 5-41　设置排练计时预览工具栏

（二）取消排练计时

当幻灯片不需要使用排练计时的时候，用户可以将其删除。打开演示文稿，在菜单栏中选择"幻灯片放映"选项卡，在"设置"组中取消"使用计时"复选框即可取消排练计时。

四、打包演示文稿

在实际工作中，用户常需要将制作的演示文稿放到他人的计算机中放映，如果使用的电脑中没有安装 PowerPoint 2010 程序，则需要在制作演示文稿的电脑中将幻灯片打包，准备播放时，将压缩包解压后即可正常播放。

（一）将演示文稿打包

使用 PowerPoint 2010 可以将演示文稿压缩到可刻录 CD 光盘、软盘等移动存储设备上，同时，在压缩包中包含了 PowerPoint 2010 播放器。这样即使在没有安装 PowerPoint 2010 的计算机中也能看到幻灯片，并可以将该文件复制到磁盘或者网络上，然后再将该文件解压到目标计算机或网络上，即可运行该演示文稿，其操作方法如下：

打开演示文稿→"文件"选项卡→"保存并发送"→"将演示文稿打包成CD"→"打包成 CD"→"打包成 CD"对话框→"将 CD 命名为"，如输入"爱护动物宣传活动 CD"，在"要复制的文件"列表框中选择打包的演示文稿→"复制到文件夹"→弹出"复制到文件夹"对话框→输入"文件夹名称"→"浏览"，如图 5-42 所示。

继而，弹出"选择位置"对话框→"位置"，如"文档"→"选文件包"→"选择"→返回到"复制到文件夹"对话框→"完成后打开文件夹"复选框→"确定"→"Microsoft PowerPoint"对话框→"确定"→弹出"正在将文件复制到文件夹"对话框，显示正在复制文件的详细信息，此时系统会自动打开打包的演示文稿所在的文件夹，并显示打包的文件。

（二）压缩演示文稿

由于演示文稿中经常会插入很多图片或多媒体文件，因此其大小会不断增加，为了减少演示文稿的文件大小，用户可以对其进行压缩处理。其操作方法如下：

打开演示文稿→"文件"选项卡→"另存为"→"另存为"对话框→"工具"→"压缩图片"菜单项→"压缩图片"对话框→选中"删除图片的剪裁区域"复选框，在"目标输出"区域中选择准备压缩输出的文件类型，如选择"屏幕（150ppi）：适用于网页和投影仪"→"确定",如图 5 – 43 所示→返回"另存为"对话框→"保存",如选择"图片",单击"保存"。

图 5 – 42   打包演示文稿对话框

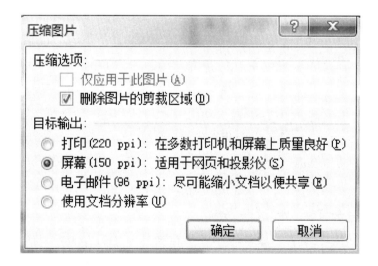

图 5 – 43   压缩演示文稿对话框

五、发布演示文稿

完成演示文稿的编辑制作后，用户可以使用 PowerPoint 2010 中的发布功能将演示文稿中的幻灯片保存到幻灯片库或其他位置，以方便在不同的情况下对幻灯片的使用。

（一）将演示文稿发布到幻灯片库中

打开演示文稿→"文件"选项卡→"保存并发送"→"发布幻灯片"→"发布幻灯片"对话框→"选择幻灯片复选框"→"发布幻灯片"→"发布幻灯片"对话框→"选择存放路径"→"发布"，如图5-44所示。

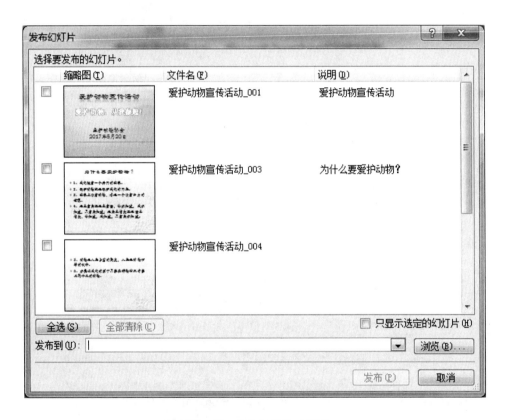

图5-44 发布幻灯片对话框

（二）幻灯片转换为 Word 文档

打开演示文稿→"文件"选项卡→"另存为"→"另存为"对话框→"保存类型"列表框中选择保存为 . rtf 格式→"保存"，如图5-45所示。

（三）将演示文稿保存为 PDF 格式

PDF 格式是一种电子文件格式，与操作系统平台无关，是以语言图像模型为基础，无论在哪种打印机上都可以保证精确的颜色和准确的打印效果。用户可将演示文稿保存为 PDF 格式，操作方法如下：

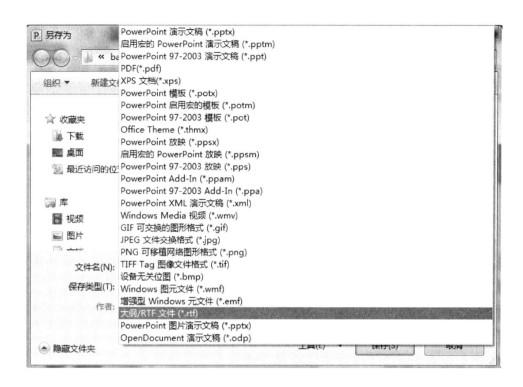

图 5 – 45　保存为 **. rtf** 格式对话框

"打开演示文稿"→"文件"选项卡→"另存为"选项→"另存为"对话框→"保存类型"列表框中选择保存为"pdf"格式→"保存"→"正在发布"对话框，并显示发布进度，系统会自动打开保存的 PDF 文档。

六、打印演示文稿

同时，用户也可以把演示文稿通过打印机进行打印，方便用户随时查阅。其操作方法如下：

"打开演示文稿"→"文件"选项卡→"打印"选项→"设置参数"，有打印的份数、颜色、范围等，如选择以"4 张水平放置的幻灯片"方式打印幻灯片讲义。如图 5 – 46所示。

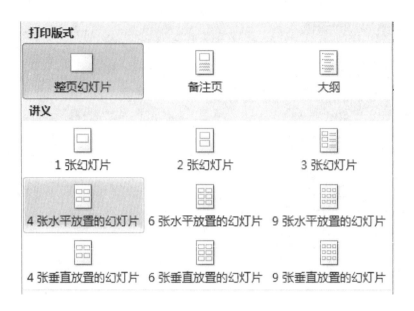

图 5-46　打印幻灯片

习　题

一、理论题

1. PowerPoint 2010 演示文稿文件的扩展名是（　　）。

A. . docx　　　　　　B. . pptx　　　　　　　C. . bmp　　　　　　　D. . dbf

2. 演示文稿以 Web 页的形式保存在磁盘上，其扩展名是（　　）。

A. . pptx　　　　　　B. . htm　　　　　　　C. . pot　　　　　　　D. . prt

3. 有关创建新的 PowerPoint 2010 幻灯片的说法，错误的是（　　）。

A. 可以利用空白演示文稿来创建

B. 可以利用内容提示向导来创建

C. 演示文稿的类型应根据需要选定

D. 在演示文稿类型中，只能选择成功指南

4. 当创建空白演示文稿时，不包含除（　　）区之外的任何颜色。

A. 黑色　　　　　　B. 白色　　　　　　　C. 灰色　　　　　　　D. 黑色和白色

5. 在 PowerPoint 中，若想同时查看多张幻灯片，应选择（　　）视图。

A. 幻灯片浏览　　B. 大纲　　　　　　　C. 幻灯片　　　　　　D. 备注页

6. 下列选项中，不属于 PowerPoint 2010 窗口部分的是（　　）。

A. 幻灯片区　　　B. 大纲区　　　　　　C. 备注区　　　　　　D. 播放区

7. PowerPoint 2010 的主要功能是（　　）。

A. 演示文稿处理　　B. 声音处理　　　　C. 图像处理　　　　D. 文字处理

8. PowerPoint 2010 窗口中，不属于功能选项卡的是（　　　）。

A. 插入　　　　　　　B. 设计　　　　　　C. 动画　　　　　　D. 程序

9. PowerPoint 2010 中，如果想要把文本插入到某个占位符，正确的操作是（　　　）。

A. 单击标题占位符，将插入点置于占位符内

B. 单击菜单栏中插入按钮

C. 单击菜单栏中粘贴按钮

D. 单击菜单栏中新建按钮

10. PowerPoint 2010 中，在幻灯片的占位符中添加标题文本的操作是在 PowerPoint 窗口（　　　）区域。

A. 幻灯片区　　　　B. 状态栏　　　　　C. 大纲栏　　　　　D. 备注区

11. 如果要终止幻灯片的放映，可直接按（　　　）键。

A. Ctrl + C　　　　　B. End　　　　　　C. Alt + F4　　　　D. Esc

12. 在 PowerPoint 2010 中，有关大纲的说法不正确的有（　　　）。

A. 不显示图像对象　　　　　　　　B. 可显示图表对象

C. 仅显示演示文稿的文本内容　　　D. 不显示图形对象

13. 在幻灯片"动作设置"对话框中设置的超级链接，其对象不可以是（　　　）。

A. 下一张幻灯片　　　　　　　　　B. 上一张幻灯片

C. 幻灯片中的某一对象　　　　　　D. 其他演示文稿

14. 以下视图中，不属于 PowerPoint 2010 视图的是（　　　）。

A. 页面视图　　　　B. 幻灯片浏览视图　C. 普通视图　　　　D. 备注页视图

15. 在"设置放映方式"对话框中，有（　　　）种放映类型可供选择。

A. 3　　　　　　　　B. 4　　　　　　　C. 5　　　　　　　D. 6

16. 同一个演示文稿中的幻灯片，能够使用的模板为（　　　）。

A. 一个　　　　　　B. 两个　　　　　　C. 三个　　　　　　D. 多个

17. 在 PowerPoint 2010 中插入超级链接，可以链接到（　　　）。

A. 现有文件或网页　　　　　　　　B. 本文档中的位置

C. 电子邮件地址　　　　　　　　　D. 以上均可

18. PowerPoint 2010 播放时，系统默认的放映方式类型为（　　　）。

A. 在展台浏览　　　　　　　　　　B. 演讲者放映

C. 循环放映　　　　　　　　　　　D. 观众自行浏览

二、实训题

学生自行制作一个个人简历的 PowerPoint 2010 演示文稿，具体内容及要求如下：

1. 演示文稿至少包含 8 张幻灯片。

2. 幻灯片布局合理、色彩搭配协调、整体效果良好、创意独特。

3. 在幻灯片中插入和编辑各种对象：文本、图片、表格、图表、SmartArt 图形等。

4. 对幻灯片中的对象设置动画效果和幻灯片之间的切换效果。

5. 通过各种方式（幻灯片版式的更改、主题的选用、背景的设置等）美化演示文稿。

6. 使用幻灯片母版统一演示文稿风格。

7. 为幻灯片设置页眉页脚，并在页脚中输入个人信息（如姓名等）。

8. 设置超链接和制作"返回"按钮。

模块六

计算机网络基础知识与应用

　　计算机技术发展到今天，改变了人们的工作和生活方式，为人们带来了很大的方便。随着信息技术的进一步发展，人们已经不能满足于计算机单独工作，迫切地提出了计算机相互协作的要求，计算机网络解决了这一问题。

　　连接是互联网的重要表现之一。回首互联网历史，人们会发现互联网让人与人、人与物之间的连接更为便捷。百度缩短了人与信息的连接，微信缩短了人与人的连接，淘宝缩短了人与商品的连接。

　　互联网的出现，使人与人之间的通信发生了极大的变化；QQ 的出现，改变了人与人之间的连接方式，它使人们能够与其他人进行群聊。而在移动互联网时代，微信类软件再次颠覆了人类的通信方式。在 PC 机时代，人们通过 QQ 聊天还需要坐在电脑前，而微信出现后，人们几乎可以在任何地点与他人通信、聊天。

任务一　计算机网络的基础知识

知识与能力目标

1. 了解计算机网络的基础知识。
2. 了解计算机网络的功能和分类
3. 掌握计算机网络的拓扑结构。

一、计算机网络的定义

　　计算机网络，是将地理位置不同的具有独立功能的多台计算机及其外部设备，通过通信线路连接起来，在网络操作系统、网络管理软件及网络通信协议的管理和协调下，实现资源共享和信息传递的计算机系统。

二、计算机网络的功能

（一）资源共享

资源共享是指可分享计算机的硬件资源、软件资源和数据资源，其中共享数据资源最为重要。通过资源的共享，提高了资源的利用率，使系统的整体性价比得到改善。

（二）数据通信

数据通信即实现计算机与终端、计算机与计算机之间的数据传输，是计算机网络最基本的功能，这一功能实现了计算机之间各种信息的传送。

（三）分散数据的综合处理

网络系统有效地将分散在各地的计算机中的数据信息收集起来，从而对分散数据进行分析处理，并把分析结果反馈给用户。

（四）进行分布处理

网络技术的发展，使得分布式计算机成为可能。当需要处理一个大型作业时，可以将这个作业通过计算机网络分散到多个不同的计算机系统分别处理，提高处理速度，充分发挥设备的利用率。另一方面，网络控制中心负责分配和检测，当某台计算机负荷过重时，系统自动转移到其他的计算机系统中去处理，从而实现分布处理的目的。

（五）集中处理

通过计算机网络，可以将某个组织的信息进行分散、分级、集中处理与管理，这是计算机网络最基本的功能。一些大型的计算机网络信息系统正是利用此项功能，如MIS 系统、OA 系统等。

三、计算机网络分类

计算机网络的分类方法繁多，重要的有以下四种方法：

（一）按网络作用范围分类

按照计算机网络所覆盖的地理范围，计算机网络通常分为局域网、城域网、广域网。

1. 局域网（Local Area Network，LAN）。局域网的规模比较小，一般是在同一个单位里，由几台或几十台计算机连接而成，网络的覆盖范围一般在 10 千米之内。局域网通常被用于连接公司办公室、中小企业、政府机构或校园内分散的计算机，以实现资源的共享。

局域网的特点如下：①地理范围不超过几千米，属某一部门、单位或企业所有；②通信速率高；③多采用分布式控制和广播式通信，可靠性高，误码率低，延时较短；④支持多种通信传输介质；⑤局域网络成本低，安装、扩充及维护方便；⑥实现数据、语音和图像的综合传输。

2. 城域网（Metropolitan Area Network，MAN）。城域网是较大范围内的一种网络，是介于广域网与局域网之间的一种高速网络。

城域网的特点如下：①传输速度较高，网络覆盖范围局限在一个城市；②建设城市自主规划、设计、建设和管理；③面向一个城市或一个城市的某系统内部提供电子政务、电子商务服务；④网管强大，必须提供全面的控制和监控工具，而且易于安装和操作。

3. 广域网（Wide Area Network，WAN）。广域网也称为远程网，它是指在较大的地理范围内，包括不同单位、不同城市甚至不同国家，将计算机连接起来而形成的网络。广域网的作用范围通常为几十千米到几千千米。Internet 就是当今世界最大的广域网。

广域网的特点如下：①建设涉及国际组织或机构；②网络覆盖范围广，通信的距离远，需要考虑的因素增多；③主要提供面向通信的服务，支持用户使用计算机进行远距离的信息交换；④管理复杂，建设成本高。

（二）按网络传输介质分类

按照网络传输介质的不同，可将网络分为有线网络和无线网络。

1. 有线网络：采用有形的传输介质组建的网络。有线网络的传输介质包括双绞线、同轴电缆、光纤等。

2. 无线网络：使用电磁波、红外线等无线传输介质作为通信线路的网络。它可以传送无线电波和卫星信号。无线网络包括卫星通信网、无线电视网、微波通信网。

（三）按网络使用对象分类

按照网络使用对象的不同，计算机网络可分为专用网和公用网。

1. 专用网：由某个单位或部门组建，使用权限属于本单位或部门内部。如铁路、金融等行业都有自己的专用网。

2. 公用网：一般由国家的电信部门建造网络，只要符合网络拥有者的要求都能使用这个网络。

（四）按网络传播方式分类

按照网络传播方式的不同，可将网络分为广播式网络和点对点式网络。

1. 广播式网络：广播式网络中，所有连网计算机都共享一个公共通信信道，都同时收到信道上的信息。

2. 点对点式网络：在点对点式网络中，每条物理线路连接一对计算机；由一对对计算机之间的多条连接构成，需要进行路线选择，可能经过多台中间计算机才能到达。

四、计算机网络的拓扑结构

网络拓扑是网络中各种设备之间的连接形式，常见的有：星型结构、环型结构、总线型结构、树型结构、网状结构五种。

（一）星型结构

星型结构以中央结点（集线器或交换机）为中心，外围设备每个节点均以一条单独线路与中心相连，形成辐射状网络构型，其一般采用双绞线连接，如图 6-1 所示。

星型结构的优点如下：①故障隔离简单；②网络的扩展容易；③控制和诊断方便；④访问协议简单。

星型结构的缺点如下：①过分依赖中心结点，如果中心机发生故障，全网停止工作；②线路太多，成本高。

（二）环型结构

各节点经过环接口连成一个环形，在这种结构中每个节点地位平等，信息在环路中单向（可以是顺时针或逆时针方向）传送，一般采用光纤连接，如图 6-2 所示。

环形结构的优点如下：①路由选择控制简单；②电缆长度短；③适用于光纤。

环形结构的缺点如下：①结点故障会引起整个网络瘫痪；②诊断故障困难。

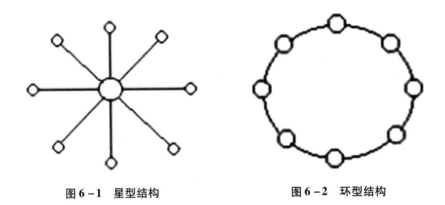

图 6-1　星型结构　　　　图 6-2　环型结构

（三）总线型结构

总线型结构将所有设备连接在一根总线上，一般采用同轴电缆连接，如图 6-3 所示。

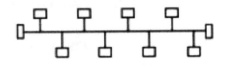

图 6-3　总线型结构

总线型结构的优点如下：①从硬件观点来看总线型拓扑结构可靠性高。因为总线型拓扑结构简单,而且又是无源元件。②易于扩充,增加新的站点容易。如要增加新站点,仅需在总线的相应接入点将工作站接入即可。③使用电缆较少,且安装容易。④使用的设备相对简单,可靠性高。

总线型结构的缺点如下:①总线容易阻塞。②故障诊断、故障隔离困难。

(四)树型结构

树型结构各节点发送的信息首先被根节点接收,然后以广播方式发送到全网,根节点起到中心的作用,如图6-4所示。

树型结构的优点如下:通信线路连接简单,网络管理软件也不复杂,维护方便,降低了通信线路的成本。

树型结构的缺点如下:网络中除最低层节点及其连线外,任一节点或连线的故障均影响其所在支路网络的正常工作。

(五)网状结构

每个节点至少有2条链路与其他节点相连,任何一条链路出故障时,数据报文可由其他链路传输,可靠性较高,如图6-5所示。

网状结构的优点如下:两个节点间存在多条传输通道,局部的故障不会影响整个网络的正常工作,具有较高的可靠性。

网状结构的缺点如下:这种网络结构复杂,实现起来费用较高,网络控制机制复杂,不易管理和维护。

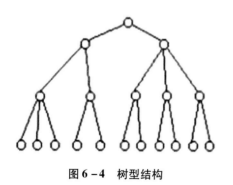

图6-4 树型结构   图6-5 网状结构

任务二 计算机网络的连接设备和传输介质

📖 知识与能力目标

1. 了解计算机网络的连接设备。
2. 掌握计算机网络的传输介质。

一、计算机网络的连接设备

网络连接设备，是指通过网络传输介质将网络中的计算机及其附属设备连接起来构成网络的设备。常用的网络连接设备有如下几种：

（一）网卡

又称为"网络适配器"（Network Interface Card，NIC），它是一块插件板，使用时插在 PC 的扩展槽中。网卡将计算机连接到电缆上，传输从计算机到电缆媒介或者从电缆媒介到计算机的数据。现在很多芯片是集成到计算机主板上的。

（二）中继器（Repeater）

它连接同一个网络中的多段网络，起到信号的放大和整理作用。它可以从一个局域网中获取信号，对信号放大和提升功率后发向另一段局域网。

（三）集线器（Hub）

集线器是中继器的一种，相对于其他中继器而言，集线器能够提供更多的端口服务，所以集线器又叫多口中继器。

集线器的主要功能是对接收到的信号进行再生整形放大，以扩大网络的传输距离，同时把所有节点集中在以它为中心的节点上。

集线器的特性有：①放大信号；②通过网络传播信号；③无过滤功能；④无路径检测或交换；⑤被用作网络集中点。

（四）网桥

网桥将两个相似的网络连接起来，并对网络数据的流通进行管理。它不但能扩展网络的距离或范围，而且可提高网络的性能、可靠性和安全性。

（五）路由器

所谓"路由"，是指把数据从一个地方传送到另一个地方的行为和动作。而路由器是执行这种行为的机器，是一种连接多个网络或网段的网络设备，它将不同网络或网段之间的数据信息进行"翻译"，以使它们能够相互"读懂"对方的数据，从而构成一个更大的网络。

路由器的作用有：①实现不同速率网络的适配；②隔离广播，实施安全策略，保证网络安全；③建立维护路由信息，实现数据包转发；④分片与重组；⑤备份、流量控制；⑥异种网络互连。

（六）网关（Gateway）

网关又称网间连接器、协议转换器，它是将两个使用不同协议的网络连接在一起的设备。它的作用是对两个网络段中不同传输协议的数据进行相互翻译转换。

二、计算机网络的传输介质

传输介质组成网络通信中发送方与接收方之间的物理通道，可分为有线和无线两大类介质。有线介质包括双绞线、同轴电缆、光纤等，无线介质包括无线电波、地面微波通信、卫星通信和红外线等。

（一）双绞线

双绞线（TP）是一种最常用的传输介质，它由两根具有绝缘保护的铜导线组成，按一定的密度把两根绝缘铜导线互相扭绞在一起，可以减少串扰及信号放射影响的程度，每一根导线在导电传输中放出的电波会被另一根线上发出的电波所抵消。双绞线价格低廉，但数据传输率较低，一般为几 Mbit/s，抗干扰能力也较差。它一般用于小范围的局域网中。

双绞线可按其是否外加金属网丝套的屏蔽层而区分为屏蔽双绞线（Shielded Twisted Pair，STP）和非屏蔽双绞线（Unshielded Twisted Pair，UTP）两大类。

（二）同轴电缆

同轴电缆最里面是一根较粗的硬铜线，其外面有屏蔽层。同轴电缆价格高于双绞线，但抗干扰能力较强，连接也不太复杂，数据速率可达数 Mbit/s 到几百 Mbit/s，所以被中、高档局域网广泛采用。

（三）光纤

光纤是由玻璃或塑料制造的丝状物体，光脉冲在光纤中的传递便形成了光通信。光纤使用光纤维以光的调制脉冲的形式传输数字信号，其数据传输率可达 100Mbit/s 到几 Gbit/s，抗干扰能力强，传输损耗少，且安全保密好，目前已被许多告诉局域网采用，但价格较高。

（四）无线电波

无线电波是指在自由空间传播的射频频段的电磁波。无线电技术是通过无线电波传播声音或其他信号的技术。

（五）地面微波通信

地面微波通信是指在地球表面上通过对微波的传输来进行通信。微波通信的频率范围为 300MHz ~300GHz，是一种定向传播的电波，在 1000MHz 以上，微波沿着直线传播，因此可以集中于一点。微波频率比一般的无线电波频率高，通常也称为"超高频电磁波"。

（六）卫星通信

卫星通信，简单地说，就是地球上的无线电通信站间利用卫星作为中继而进行的通信。卫星通信系统由卫星和地球站两部分组成。

（七）红外线

红外线可能是最新的无线传输介质，它利用红外线来传输信号。例如，电视机等家电中的遥控器，在发送端设有红外线发送器，接收端有红外线接收器。发送器和接收器可安装在室内或室外的任何地方，但需使它们处于视线范围内，即两者彼此都可看到对方，中间不能有障碍物。

任务三　Internet 技术

知识与能力目标

1. 了解 Internet 的基础知识。

2. 了解 Internet 提供的服务。

3. 掌握 IP 地址。

一、Internet 的基础知识

（一）什么是 Internet

Internet 是个专用名词，是指世界上最大的互联网络，遵循一定协议自由发展的国际互联网，它利用覆盖全球的通信系统使各类计算机网络及个人计算机联通，从而实现智能化的信息交流和资源共享。Internet 是指目前全球最大、覆盖范围最广泛的计算机互联网络。internet 则是个通用名词，泛指多个计算机网络互联而成的互联网络。

（二）Internet 的起源

Internet 源自于美国国防部的 ARPANet 计划。1981 年 ARPA 分成两个网络，即 AR-PANet 和 MILNet；1986 年美国国家科学基金会 NSF 使用 TCP/IP 协议建立了 NSFNET 网络；1990 年 7 月，NSFNet 取代了 ARPANet；1992 年美国高级网络服务公司 ANS 组建了 ANSNNet。1997 年美国开始实施下一代互联网络建设计划。

（三）Internet 提供的服务

早期的 Internet 主要提供远程登录访问服务（Telnet）、电子邮件服务（E-mail）、FTP 文件传输服务、电子公告牌 BBS、网络新闻等服务，现在最流行的是 WWW（万维网）服务。

Internet 提供的具体服务功能如下：

1. 获取和发布信息。通过 Internet 可以得到丰富多彩的信息，如各种杂志、期刊、报纸和图书，还有学校、政府等机构的相关信息。现在我们坐在家里，就可以知道全世界发生的事情，同时也可以将自己的信息发布到网上。

2. 电子商务（EC）。现在可以利用网络开展网上购物、网上销售、网上拍卖、网上货币支付等。它已经在金融、税收、销售等方面得到广泛的应用。

3. 电子邮件（E-mail）。E-mail 就是人们通常所说的电子邮件，它能够发送和接收文字、图像和语音等多媒体信息，是网络用户之间进行快速、简便、可靠的通信手段。E-mail 是一种采用简单邮件传送协议 SMTP（Simple Mail Transfer Protocol）的电子邮件服务系统，E-mail 服务采用客户机/服务器模式，由传送代理程序（服务方）和用户处理程序（客户方）两个基本程序协同工作完成电子邮件的传递。电子邮件 E-mail 服务是一种在 Internet 网上最重要、最广泛的服务之一。

4. 远程登录（Telnet）。远程登录是指在网络通信协议 Telnet 的支持下，使用户的计算机通过 Internet 暂时成为远程计算机终端的过程。登录后，用户可以使用远程计算机对外开放的所有资源。

5. 文件传输（FTP）。文件传输服务也称 FTP 服务，主要用于 Internet 上的主机之间或主机与客户端之间的文件传输。文件传输协议 FTP 负责将文件从一台计算机传输到另一台计算机上，并且能保证传输的可靠性。

在 Internet 中，许多公司、大学的主机上含有数量众多的各种程序与文件，这是 Internet 巨大而宝贵的信息资源。通过使用 FTP 服务，用户就可以方便地访问这些信息资源。

FTP 是一个客户机/服务器系统。用户通过一个支持 FTP 协议的客户机程序，连接到在远程主机上的 FTP 服务器程序。用户通过客户机程序向服务器程序发出命令，服务器程序执行用户所发出的命令，并将执行的结果返回到客户机。例如，用户发出一条命令，要求服务器向用户传送某一个文件的一份拷贝，服务器会响应这条命令，将指定文件送至用户的机器上。客户机程序代表用户接收到这个文件，将其存放在用户目录中。

（1）匿名 FTP 服务。用户可通过它连接到远程主机上，并从其下载文件，而无需成为其注册用户。系统管理员建立了一个特殊的用户 ID，名为 anonymous，Internet 上的任何人在任何地方都可使用该用户 ID。通过 FTP 程序连接匿名 FTP 主机的方式同连接普通 FTP 主机的方式差不多，只是在要求提供用户标识 ID 时必须输入 anonymous，该用户 ID 的口令可以是任意的字符串。习惯上，用自己的 E-mail 地址作为口令，使系统维护程序能够记录下来谁在存取这些文件。

（2）注册 FTP 服务。即为非公开的 FTP 服务，用户在提供此服务的服务器上需有专用的用户账户。

6. 万维网（WWW）。WWW 的全称为 World Wide Web，它是一个全球规模的信息服务系统，由数以万计的 Web 站点构成。每个站点由一组精心制作的网页组成。在这组 Web 网页中，有一个起始页，称为主页，通过主页可以很容易地跳转到其他网页浏览。

Web 网页使用网页编辑语言，如 HTML（Hyper Text Markup Language，超文本标记语言）制作。网页中除了文本、图像、声音外，还有一些超链接，当鼠标移动到超链接上时，鼠标指针变为手指形，单击该超链接，即可以打开所指的 Web 网页。

（1）HTTP 和 HTML。WWW 服务的核心技术是：超文本标记语言（HTML）和超文本传输协议（HTTP）。

（2）统一资源定位符（URL）。统一资源定位符（URL）用来标明 Web 中资源路径。例如，一个 URL 为 "http：//www. sohu. com/entertainment/music/index. html"。其中，"http："为协议类型；"www. sohu. com" 为主机名；"entertainment/music/" 是文件所在的路径；"index. html" 是网页文件名。协议名与主机名间用 "//" 分开，主机名、路径与文件名间用 "/" 分开。

二、TCP/IP 协议与 IP 地址

（一）什么是 IP 地址

接入 Internet 的计算机与接入电话网的电话相似，每台计算机或路由器都有一个由授权机构分配的号码，IP 地址是为标识 Internet 上主机位置而设置的，是互联网计算机和设备的唯一标识。在 TCP/IP 协议中，规定分配给每台主机一个 32 位二进制数字作为该主机的 IP 地址，为了便于记忆，一般将 32 位的 IP 地址分为 4 组，每组 8 位，由小数点分开，并用十进制来表示，用点分开的每个字节的数值范围是 0 ~ 255，如 202. 116. 0. 1，这种书写方法叫做点分十进制表示法。

IP 地址采用分层结构，通常由网络号和主机号两部分组成，网络标识确定了主机所在的物理网络号，主机标识确定了某一物理网络内的一台主机号。网络标识号由国际权威机构统一分配，而主机标识号则可由本地网管部门分配。例如，中央电视台的 IP 地址为 202. 108. 249. 206，对于该 IP 地址，我们可以把它分为网络标识和主机标识两部分，这样上述的 IP 地址就可以写成：

网络标识：202. 108. 249. 0。

主机标识：206。

合起来写：202. 108. 249. 206。

（二）IP 地址的分类及表示方法

一般将 IP 地址按主机所在网络规模的大小，分为 A 类、B 类、C 类、D 类、E 类网络。其中 A、B 和 C 三类由 InterNIC 在全球范围内统一分配，D、E 类为特殊地址，留作他用。最主要的是 A 类、B 类和 C 类地址，其地址格式如表 6 - 1 所示。

表6-1　A类、B类、C类地址格式

地址类别	最高字节范围	网络ID	主机ID	网络数量	每个网络的主机数量
A	1~126	7位	24位	126	1 677 214
B	128~191	14位	16位	16 382	65 534
C	192~223	21位	8位	2 097 150	254

A类IP地址由1字节的网络地址和3字节的主机地址组成。

B类IP地址由2字节的网络地址和2字节的主机地址组成。

C类IP地址由3字节的网络地址和1字节的主机地址组成。

（三）IP子网划分

子网掩码（subnet mask）又叫网络掩码，子网掩码不能单独存在，它必须结合IP地址一起使用。子网掩码只有一个作用，就是将某个IP地址划分成网络地址和主机地址两部分。在一个网络内要区分不同的子网，需要将主机地址再分成两部分，一部分作为标识子网地址，另一部分作为标识子网下的主机地址，这个过程就必须借助子网掩码来完成。

子网掩码是一个32位的二进制数，一般也用IP地址的形式表示。子网掩码用来从IP地址中提取网络标识，提取方法是，将子网掩码与IP地址进行"与"运算，运算结果就是该IP地址的网络号。A、B、C三类IP地址的缺省子网掩码分别为：255.0.0.0、255.255.0.0和255.255.255.0。

（四）域名系统

1. 域名。尽管IP地址能唯一标识网络上的计算机，但IP地址是数字型的，用户记忆不方便，于是人们发明了另外一套字符型的地址方案即域名。域名和IP地址是一一对应的。

2. 域名服务器/域名系统。域名地址的信息存放在一个叫域名服务器（Domain Name Server，DNS）的主机内，DNS就是提供IP地址和域名之间的转换服务的服务器。用户只需了解易记忆的域名地址，其对应转换工作留给域名服务器DNS。

3. 域名命名规则。域名系统与IP地址的结构一样，采用的是典型的层次结构，每一层构成一个子域名。子域名之间用点号分割，自右到左逐渐细化。域名的表示形式为：计算机主机名.网络名.机构名.顶级域名，如www.pku.edu.cn。其中：cn代表中国，为一级域名，通常分配给主干网节点，取值为国家名。edu为二级域名，表示组网的部门或组织。com表示商业组织，edu表示教育部门，gov表示政府部门，net表示网络机构，org表示各种非营利组织等。pku为三级域名。

www表示这台主机提供WWW服务。

常见的国家代码如表6-2所示。

表6-2 地理性域名

顶级域名	国家	顶级域名	国家	顶级域名	国家
cn	中国	ca	加拿大	us	美国
kr	韩国	au	澳大利亚	gb	英国

常见的网络类型如表6-3所示。

表6-3 机构性域名

类型名	类型	类型名	类型	类型名	类型
gov	政府	info	信息服务	firm	公司企业
com	商业	int	国际机构	net	网络机构
edu	教育	org	非营利组织	mil	军事机构

（五）TCP/IP 网络协议安装

通信协议指网络上所有设备之间通信规则的集合。常用的协议有：TCP/IP 协议。

TCP/IP（Transmission Control Protocol/Internet Protocol，传输控制协议/互联网络协议）是由美国国防部制定的通信协议，是一种网际互联通信协议，它规范了网络上的所有通信设备，尤其是一个主机与另一个主机之间的数据往来格式以及传送方式。用户如果访问 Internet，则必须在网络协议中添加 TCP/IP 协议。凡是连接到 Internet 上的计算机都必须遵守 TCP/IP 协议。安装 TCP/IP 协议的步骤如下：

1. 单击"开始"菜单→"控制面板"→"网络和 Internet"，打开网络和共享中心，如图6-6所示。

2. 在"查看活动网络"模块中点击"本地连接"，打开"本地连接 状态"对话框，如图6-7所示。单击"属性"命令，打开"本地连接 属性"对话框，如图6-8所示。

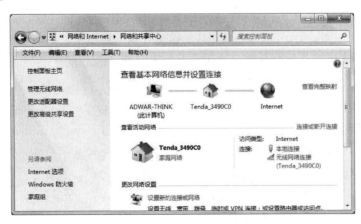

图6-6 网络和共享中心

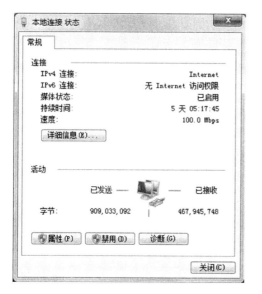

图6-7 本地连接 状态

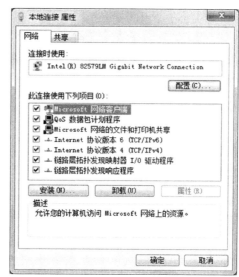

图6-8 本地连接 属性

3. 单击"安装"按钮，打开"选择网络功能类型"对话框，选择"协议"组件，如图6-9所示。单击"添加"按钮，打开"选择网络协议"对话框，如图6-10所示。

图6-9 选择网络功能类型

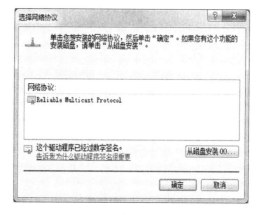

图6-10 选择网络协议

4. 在"选择网络协议"对话框中选择"Reliable Multicast Protocol（可靠多播协议）"，单击"确定"按钮即可完成该协议的安装。

（六）设置IP地址信息

每台主机都要有一个IP地址，才能在网上与其他计算机通信。设置IP地址步骤如下：

1. 执行 TCP/IP 网络协议安装的第一步和第二步，打开"本地连接属性"对话框。

2. 双击"Internet 协议版本 4"，进入如图 6 – 11 所示界面。选择"使用下面 IP 地址"选项，根据当前网络环境，手工填写 IP 地址、子网掩码、网关、DNS 服务器地址信息，然后按"确定"按钮完成 IP 信息设置。

图 6 – 11   TCP/IPv4 协议设置

（七）访问 Web 站点和 FTP 站点

在 Internet 中，经常通过浏览器访问 Web 站点和 FTP 站点来实现资源共享，在访问相应不同类型站点时需要使用不同的协议。具体如下：

1. 打开 IE 浏览器，在 IE 浏览器的地址栏中输入 Web 站点的 URL。由于 Web 服务器使用"超文本传输协议（HTTP）"，因此 Web 站点 URL 的第一部分应为 http：//，如 http：//www. 163. com。

2. 打开 IE 浏览器，在 IE 浏览器的地址栏中输入 FTP 站点的 URL。由于 FTP 服务器使用"文件传输协议（FTP）"，因此 FTP 站点 URL 的第一部分应为 ftp：//，如 ftp：//192. 168. 12. 3。

任务四　计算机网络安全

知识与能力目标

1. 了解计算机网络安全的定义。

2. 熟悉常用的网络安全技术。

一、透过网络看安全

随着互联网的迅速发展和应用的普及，计算机网络已经深入教育、政府、商业、军事等各行各业。近年来大规模的网络安全事件接连发生，互联网上蠕虫、拒绝服务攻击、网络欺诈等新的攻击手段层出不穷。互联网安全问题为什么这么严重？

首先，互联网是一个开放的网络，TCP/IP 是通用的协议。各种硬件和软件平台的计算机系统可以通过各种媒体接入进来，如果不加限制，世界各地均可以访问。于是各种安全威胁可以不受地理限制、不受平台约束，迅速地通过互联网影响到世界的每一个角落。其次，互联网自身的安全缺陷是导致互联网脆弱性的根本原因。互联网的脆弱性体现在设计、实现、维护的各个环节。

随着互联网的发展，对互联网攻击的手段也越来越简单、越来越普遍。目前攻击工具的功能越来越强，而对攻击者的知识水平要求却越来越低，因此攻击者也更为普遍。如图 6 - 12 所示，用户通过木马病毒就可以轻易地盗取别人的网银账号等。

图 6 - 12　网络攻击

二、计算机网络安全的定义

计算机网络安全是指通过采用各种技术和管理措施，使网络系统正常运行，从而确保网络数据的可用性、完整性和保密性。所以，建立网络安全保护措施的目的是确保经过网络传输和交换的数据不会增加、修改、丢失和泄露等。

随着信息化进程的深入和互联网的迅速发展，人们的工作、学习和生活方式正在发生巨大变化，信息资源得到极大的共享。但是，紧随信息化发展而来的网络安全问题日渐突出，若不能很好地解决这个问题，必将阻碍信息化发展的进程。

（一）网络安全的基本内涵

网络安全就是网络上的信息安全，指网络系统中流动和保存的数据，不受到偶然的或者恶意的破坏、泄露、更改，系统能连续正常的工作。从广义上来说，凡是涉及网络上信息的保密性、完整性、可用性、真实性和可控性的相关技术和理论，都是网络安全所要研究的领域。

网络安全的具体含义随观察者角度的不同而不同。

1. 从用户的角度来说，希望涉及个人隐私或商业利益的信息在网络上传输时受到保护，避免其他人或对手利用窃听、冒充、篡改、抵赖等手段侵犯，即用户的利益和隐私不被非法窃取和破坏。

2. 从网络运行和管理者角度说，希望其网络的访问、读写等操作受到保护和控制，避免网络资源被非法占用或非法控制等，防御和制止黑客的攻击。

3. 对安全保密部门来说，希望对非法的、有害的或涉及国家机密的信息进行过滤和防堵，避免对社会产生危害，避免给国家造成损失。

4. 从社会教育和意识形态角度来讲，网络上不健康的内容会对社会的稳定和人类的发展造成威胁，必须对其进行控制。

（二）网络安全的要素

网络环境为信息共享、信息交流、信息服务创造了理想空间，网络技术的迅速发展和广泛应用，为人类社会的进步提供了巨大推动力。然而，由于互联网的上述特性，产生了许多安全问题，因此要对计算机网络进行安全保护，保障信息的安全，保障计算机功能的正常发挥，以维护计算机信息系统的安全运行。

网络安全的要素包括以下几个方面：

1. 保密性：杜绝有用信息泄漏给非授权个人或实体，强调有用信息只被对象使用，采用加密机制。即防泄密。

2. 完整性：保证只有得到允许的人才能修改数据，数据完整包括：数据顺序完整、编号连续、时间正确。即防篡改。

3. 可用性：系统运行时能正确存取所需信息，当系统遭受攻击或破坏时，能迅速恢复并能投入使用。可用性是衡量网络信息系统面向用户的一种安全性能。得到授权的实体可获得服务，攻击者不能占用所有的资源而阻碍授权者的工作。用访问控制机制阻止非授权用户进入网络。使静态信息可见，动态信息可操作。即防中断。

4. 可控性：对流通在网络系统中的信息传播及具体内容能够实现有效控制的特性。特别是指对危害国家信息的监视审计。控制授权范围内的信息流向及行为方式。使用授权机制，控制信息传播范围、内容，必要时能恢复密钥，实现对网络资源及信息的可控性。即防扩散。

5. 不可否认性：不可否认性为出现的安全问题提供调查的依据和手段。使用审计、监控、防抵赖等安全机制，使得攻击者"逃不脱"，并进一步对网络出现的安全问题提供调查依据和手段，实现信息安全的可审查性。即防假冒。

三、网络安全技术

（一）密码技术

数据加密主要用于数据传输中的安全。加密技术是电子商务采取的主要安全保密措施，是最常用的安全保密手段。利用技术手段把重要的数据变为乱码传送，到达目的地后再用相同或不同的手段还原。加密技术包括两个元素：算法和密钥。算法是将普通的文本与一串数字结合，产生不可理解的密文的步骤；密钥是用来对数据进行编码和解码的一种算法。

在安全保密中，可通过适当的密钥加密技术和管理机制来保证网络的信息通信安全。密钥加密技术的密码体制分为对称密钥体制和非对称密钥体制两种。相应地，对数据加密的技术分为两类，对称加密和非对称加密。对称加密以数据加密标准（DES，Data Encryption Standard）算法为典型代表，非对称加密通常以 RSA（Rivest Shamir Adleman）算法为代表。对称加密的加密密钥和解密密钥相同，称单钥加密。而非对称加密的加密密钥和解密密钥不同，称双钥加密。

（二）数字签名

数字签名主要用于电子交易，是安全认证技术的核心。日常生活中，在书面文件上签字是确认文件的一种常用手段。政治、军事、外交等活动中签署的文件，商业中签订的合同，传统上都采用手写签名或印鉴，起到认证核准和生效作用。随着网络信息时代的来临，网络贸易的产生，需要通过网络进行远距离的贸易合同的签名，以确定合同的真实有效性。数字签名技术正是在这种情况下产生，并广泛应用于商贸活动的信息传递中的，如电子邮递、电子转账、办公室自动化等系统中。

实现数字签名就是将发送文件与特定的密钥捆绑在一起发出。目前数字签名普遍采用公钥加密技术来实现。

数字签名形式上通常是一个字母或数字串。一个数字签名算法主要由两个算法组成即签名算法和验证算法。签名者能使用一个签名算法签一个消息，所得的签名能通过一个公开的验证算法来验证。

（三）访问控制技术

访问控制技术包括如下两种：

1. 口令方式。口令一般是由数字、字母、特殊字符、控制字符等组成的字符串。口令可以由用户个人选择，也可以由系统管理人员选定或系统自动产生。口令的选择规则为：简单易记，抗分析能力强。口令方式识别的办法是：识别者 A 先输入他的口令，然后通过计算机确认它的正确性。A 和计算机都知道这个秘密口令，A 每次登录时，计算机都要求 A 输入口令。这样就要求计算机存储口令，一旦口令文件暴露，就可获得口令。

2. 防火墙技术。防火墙是应用最广泛的一种安全手段，它是一种用来加强网络之间访问控制的特殊网络互联设备，它对两个或多个网络之间传输的数据包和连接方式按照一定的安全策略进行检查，来决定网络之间的通信是否被允许。防火墙能有效地控制内部网络与外部网络之间的访问及数据传送，从而达到保护内部网络的信息不受外部非授权用户的访问和过滤不良信息的目的。安装防火墙的基本原则是：只要有恶意侵入的可能，无论是内部网络还是外部公网的连接处，都应该安装防火墙。

任务五　计算机网络的应用

📖 知识与能力目标 ⌐

1. 了解 IE 浏览器的使用。
2. 掌握用 Outlook Express 设置账户以及收发电子邮件的方法。

一、IE 的使用

（一）打开 IE 浏览器

Windows 7 操作系统有多个不同的 IE 浏览器版本，不同版本的 IE 浏览器其界面有所区别，本章节讲述中使用的 IE 浏览器版本为 IE9，其界面如图 6 - 13 所示。

图 6 - 13　IE 用户界面图

IE9 默认隐藏了工具栏，需按 Alt 键才能在浏览器窗口中显示。下面介绍几种打开 IE 浏览器的方法。

1. 在 Windows 7 桌面中双击"Internet Explorer"图标。

2. 单击 Windows 7 桌面的"开始"按钮，把鼠标移动到"Internet Explorer"图标，然后单击，如图 6 - 14 所示。

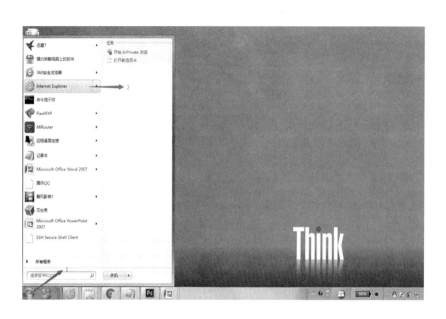

图 6 - 14　打开 IE 浏览器

3. 单击 Windows 7 桌面最下方任务栏中的 "e" 按钮。

（二）打开网页

1. 浏览指定网页。IE 浏览器打开后，在地址栏中输入要浏览的网站地址，然后按回车键，即可访问该网址的页面内容。

2. 新建网页窗口浏览网页。执行完上述步骤后，点击 IE 浏览器选项卡栏中的 "新建选项卡" 按钮，浏览器将会新建一个窗口，然后在新窗口的地址栏中输入网址并回车，即可在新窗口中显示该网页内容，具体如图 6 - 15、图 6 - 16 所示。

图 6 - 15　新建窗口

图 6 - 16　在新窗口中显示网页

（三）保存网页

网页可保存为多种文件格式，在"保存类型"选项中，默认有如下几种文件格式：

1. Web 页面，保存网页的全部信息。它除了会生成以 . htm， . html 为后缀的网页文件外，还会自动创建与之对应的文件夹用于存放其图片、声音、样式等信息。

2. Web 档案，它是以 . htm 为后缀的，网站的所有元素（包括文本和图形）都保存到这个文件中。

3. 页面，只保存 HTML 网页，不保存图片、声音、样式或其他文件。它仅生成以 . htm， . html 为后缀的网页文件。

4. 文本文件：它是以 . txt 为后缀的，以纯文本的格式保存 Web 的文本。

在工具栏中，单击"文件"→"另存为"菜单命令，在弹出的"另存为"对话框中，保存类型选择"Web 页面，全部"，选择存放的位置及设置网页名称，最后单击"保存"按钮。

二、电子邮件 E-mail 的申请和使用

（一）申请 163 邮箱

在网站上申请邮箱的操作步骤如下：

1. 打开 IE 浏览器，在地址栏中输入网址"http：//mail. 163. com"，即可进入邮箱登录界面。

2. 在邮箱登录界面中点击"注册"按钮，进入到邮箱注册界面。在页面中按其具体要求填写相关个人信息，然后按"立即注册"按钮即可完成邮箱申请。

（二）使用网页端收发 163 邮件

利用浏览器进行收发邮件的操作步骤如下：

1. 执行申请 163 邮箱的第一步，进入邮箱登录界面。

2. 输入邮箱用户名和密码，进入用户邮箱界面。

3. 单击网页左侧"收件箱"按钮，查阅已收邮件列表。

4. 单击网页左侧"写信"按钮，进入编写新邮件界面，如图 6 – 17 所示。

图 6 – 17　编写新邮件窗口

5. 在收件人对应的文本框里输入收件人邮箱；在主题对应的文本框里输入邮件的标题；在文本编辑器内输入邮件的正文。

6. 点击"添加附件"，为邮件添加其所需的附件，在弹出的"选择文件"对话框中，选择上传的文件。

7. 新邮件编写完成后，点击"发送"按钮，完成邮件发送操作。

三、Outlook Express 的设置与使用

（一）在 Outlook Express 中设置 163 邮件账户

在 Outlook Express 添加设置邮箱账号的操作步骤如下：

1. 单击"开始"→"所有程序"→"Microsoft Office"→"Microsoft Office Outlook 2010"，启动后如图 6 – 18 所示。

2. 在菜单栏中点击"文件"→"信息"→"添加账户"。

3. 在新打开的"添加新电子邮件账户"对话框中，选择"手动配置服务器设置或

其他服务器类型"，如图 6 - 19 所示。点击"下一步"，选择"电子邮件账户"，然后再点击"下一步"。

图 6 - 18　Outlook Express 启动窗口

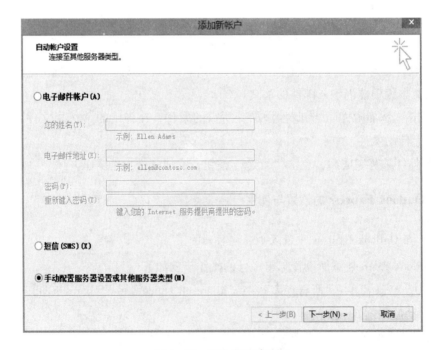

图 6 - 19　添加新账户窗口

4. 在新打开的"添加新账户"对话框中，如图 6 – 20 所示。按页面提示填写用户信息、服务器信息、登录信息。填写完后点击"下一步"。

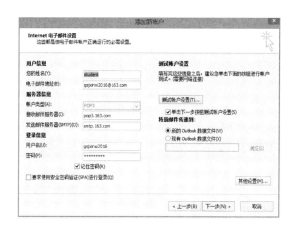

图 6 – 20　添加新账户窗口

5. 系统会弹出"测试账户设置"对话框，如出现图 6 – 21 所示情况，说明已设置成功了。

图 6 – 21　测试账户设置对话框

6. 在弹出的对话框中，点击"完成"，则完成邮箱账户设置。

（二）在 Outlook Express 创建并发送邮件

使用 Outlook Express 发送邮件的操作步骤如下：

1. 启动 Outlook Express，点击"新建电子邮件"按钮，进入图 6 – 22 所示界面。

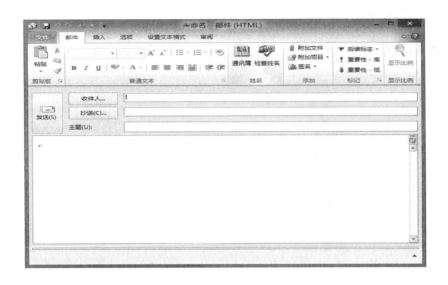

图 6-22 邮件编写窗口

2. 在邮件编写窗口中，填写收件人地址、邮件主题、邮件正文，添加附加文件，然后点击"发送"按钮进行邮件发送。

3. 在菜单栏点击"开始"按钮，然后点击邮箱"已发送"按钮，即可看到刚发送出去的邮件。

习　题

一、理论题

1. Internet 的核心协议是（　　　）。

A. X. 25　　　　　　B. TCP/IP　　　　　C. ICMP　　　　　D. UDP

2. 域名与（　　）一一对应。

A. 物理地址　　　B. IP 地址　　　　C. 网络　　　　D. 以上都不是

3. 因特网用户使用 FTP 的主要目的是（　　　）。

A. 发送和接收即时消息　　　　　　B. 发送和接收电子邮件

C. 上传和下载文件　　　　　　　　D. 获取大型主机的数字证书

4. 关于 WWW 服务系统，以下哪种说法是错误的？（　　　）

A. WWW 服务采用服务器/客户机工作模式

B. Web 页面采用 HTTP 书写而成

C. 客户端应用程序通常称为浏览器

D. 页面到页面的链接信息由 URL 维持

5. SMTP 是（　　　）。

A. 简单邮件管理协议　　　　　　　　B. 简单网络管理协议

C. 分组话音通信协议　　　　　　　　D. 地址解析协议

6.（　　　）类 IP 地址的前 16 位表示的是网络号，后 16 位表示的是主机号。

A. D　　　　　　　　B. A　　　　　　　　C. C　　　　　　　　D. B

7. 在下列选项中，关于域名书写正确的一项是（　　　）。

A. gdoa. edu1 , cn　　B. gdoa, edu1. cn　　C. gdoa, edu1 . cn　　D. gdoa. edu1 . cn

8. 计算机网络的目标是实现（　　　）。

A. 数据处理　　　　　　　　　　　　B. 文献检索

C. 资源共享和信息传输　　　　　　　D. 信息传输

9. 下列各项中，不能作为 IP 地址的是（　　　）。

A. 202. 96. 0. 1　　　B. 202. 110. 7. 12　　　C. 112. 256. 23. 8　　　D. 159. 226. 1. 18

10. 因特网上的服务都是基于某一种协议，Web 服务是基于（　　　）。

A. SNMP 协议　　　　　　　　　　　B. SMTP 协议

C. HTTP 协议　　　　　　　　　　　D. TELNET 协议

11. Internet 中，为网络中每台主机分配了唯一的地址，称为（　　　）。

A. WWW 服务器地址　　　　　　　　B. TCP 地址

C. IP 地址　　　　　　　　　　　　　D. WWW 客户机地址

二、实训题

1. 上网搜索有关"网络"和"管理"但不包括"软件"方面的信息。

2. 登录百度图片网，搜索一副与"校园"相关的壁纸，下载到桌面。

参 考 文 献

［1］陈晓明主编：《计算机文化基础实训教程》，暨南大学出版社 2008 年版。

［2］陈亚军、周晓庆、郭元辉主编：《大学计算机基础》，高等教育出版社 2013 年版。

［3］叶惠文、李丽萍主编：《大学计算机应用基础》，高等教育出版社 2015 年版。

［4］石利平、蒋桂梅主编：《计算机应用基础教程》，中国水利水电出版社 2014 年版。

［5］李建军主编：《计算机应用基础》，中国水利水电出版社 2013 年版。

［6］恒盛杰资讯编著：《新编中文版 OFFICE 五合一教程》，中国青年出版社 2013 年版。

［7］龙马工作室编著：《Windows 7 实战从入门到精通》，人民邮电出版社 2013 年版。

［8］邱炳城主编：《计算机应用基础》，中国铁道出版社 2016 年版。

［9］黄少荣、许学添主编：《计算机网络技术》，中国政法大学出版社 2014 年版。

附 录 一

习题参考答案

模块一习题参考答案

一：1. B；2. B；3. C；4. A；5. B；6. C；7. D；8. B；9. D；10. C；11. D；12. B；13. D；14. C；15. C；16. B；17. B；18. C；19. C；20. B；21. D；22. B；23. C；24. B；25. C。

模块二习题参考答案

一：1. B；2. A；3. D；4. C；5. C；6. D；7. B；8. C；9. B；10. B；11. C；12. B；13. D；14. A；15. C。

二：1. 文档；2. Windows + ↑；3. 右击；4. 功能区；5. 家庭组；6. P；7. 一；8. 索引；9. Alt + PrintScreen；10. NTFS。

模块三习题参考答案

一：1. B；2. D；3. C；4. A；5. C；6. D；7. C；8. A；9. D；10. D；11. B；12. B；13. C；14. A；15. B。

二：1. .doc；2. 分散；3. Ctrl；左；4. 3；5. 锁定纵横比；6. 替换；7. 邮件合并；8. 审阅；9. 双击；10. 宋体五号。

模块四习题参考答案

一：1. B；2. D；3. C；4. C；5. A；6. D；7. A；8. C；9. A；10. B；11. B；12. B；13. A；14. A；15. A；16. D；17. D；18. C；19. B；20. D。

模块五习题参考答案

一：1. B；2. B；3. D；4. D；5. A；6. D；7. A；8. D；9. A；10. A；11. D；12. B；13. C；14. A；15. A；16. D；17. D；18. B。

模块六习题参考答案

一：1. B；2. B；3. C；4. B；5. A；6. D；7. D；8. C；9. C；10. C；11. C。

附 录 二
全国高等学校计算机水平考试I级——《计算机应用》考试大纲 (试行)
Windows 7 + Office 2010版

一、考试目的与要求

计算机应用技能是大学生必须具备的实用技能之一。通过对"大学计算机基础"或"计算机应用基础"课程的学习，使学生初步掌握计算机系统的基础知识、文档的编辑、数据处理、网上信息的搜索和资源利用，以及幻灯片制作等基本计算机操作技能。《计算机应用》考试大纲是为了检查学生是否具备这些技能而提出的操作技能认定要点。操作考试要求尽量与实际应用相适应。考试的基本要求如下：

1. 了解计算机系统的基本概念，具有使用微型计算机的基础知识。

2. 了解计算机网络及因特网（Internet）的基本概念。

3. 了解操作系统的基本功能，熟练掌握 Windows 7 的基本操作和应用。

4. 熟练掌握一种汉字输入方法和使用文字处理软件 Word 2010 进行文档编辑及排版的方法。

5. 熟练掌握使用电子表格软件 Excel 2010 进行数据处理的方法。

6. 熟练掌握使用演示文稿软件 PowerPoint 2010 进行创建、编辑和美化演示文稿的方法

7. 熟练掌握因特网（Internet）的基本操作和使用。

考试环境要求：操作系统 Windows 7，Office 系统为 Office 2010 环境。

由于考试保密的需要，要求考生端在考试期间必须断开外网（因特网）。因此，网络部分和邮件部分的操作题将在局域网环境下进行。

考试分为选择题和操作题两种类型。以下"考试要求"中列示的各种概念或操作，是选择题的基本构成；每道操作题包含一个或多个"操作考点"。

二、考试内容

（一）计算机系统和 windows 7 操作系统

1. "考试要求"。掌握计算机系统的基本构成与工作原理，计算机系统的硬件系统

和软件系统的基本概念及应用，计算机系统的优化设置，病毒的概念和预防，Windows 7 窗口组成和窗口的基本操作，对话框、菜单和控制面板的使用，桌面、"计算机"和"资源管理器"的使用，文件和文件夹的管理与操作。

2. "操作考点"。

（1）桌面图标、背景和显示属性设置。对 Windows 7 的桌面图标、背景和各项显示属性进行设置。

（2）文件、文件夹的基本操作。在"计算机"或"资源管理器"中，进行文件和文件夹的操作：文件和文件夹的创建、移动、复制、删除、重命名、搜索，文件属性的修改，快捷方式的创建，利用写字板、记事本建立文档。WinRAR 压缩软件的使用。

（二）文档与文字处理软件 Word 2010

1. "考试要求"。掌握文档的建立、保存，编辑，排版，页面设置，对象的插入。打印输出设置（由于没有连接打印机，暂不考试，但要求学生掌握）。

2. "操作考点"。

（1）文档的建立和保存。建立空白文档、使用模板建立各种文档；文档按一定的文字格式输入，标点、特殊符号的输入；以文档或多种其他文件格式保存在指定的文件夹下。

（2）文档的编辑。

第一，文本内容的增加、删除、复制、移动、查找或替换（包括格式、特殊格式替换），文档字数统计，文档的纵横混排，合并字符、双行合一，拼写和语法。

第二，对象的插入与编辑：

①表格的设置：表格的制作与表格内容的输入；表格属性的设置、斜线表头的制作，拆分、合并单元格；表格的格式化（字体、对齐方式、边框、底纹、文字方向、套用格式）；表格与文字互换；在表格中使用公式进行简单的求和、求平均值及计数等函数运算。

②插入图片文件或剪贴画，改变图片格式：大小、文字环绕，图片下加注说明，并放置在指定位置。

③插入艺术字：艺术字内容的输入与格式设置。

④插入各种形状的自选图形并添加文字及设置格式。

⑤按要求插入"页眉与页脚"、页码、首页页眉和奇偶页页眉的设置；给指定字符制作批注、脚注/尾注、题注；插入书签和超链接。

⑥在指定位置插入（合并）其他"文件"。

⑦在指定位置插入"竖排"或"横排"文本框。

⑧插入 SmartArt 图形，如结构图的制作：在指定位置制作三至四层和列的组织或工作结构图。

⑨插入复杂的数学公式：使用数学符号库构建数学公式。

第三，样式的建立和应用："样式"的新建、修改、应用。

第四，对文档修订的插入、删除和更改，格式设置。

第五，"计算"工具的应用（文档中求解简单四则运算和乘方数学公式运算结果）。

第六，域的添加和修改。

第七，宏的录制、编辑、删除与运行。

（3）文档的排版。

第一，字符格式的设置：中文/西文字体、字形、字号、字体颜色、底纹、下划线、下划线颜色、着重号、删除线、上下标、字符间距、字符缩放。

第二，段落格式的设置：左右缩进、段前/段后间距、行距（注意度量单位：字符、厘米、行和磅）、特殊格式、对齐方式；首字下沉/悬挂（字体、行数、距离正文的位置）、段落分栏；设置项目符号和编号（编号格式、列表样式、多级符号、编号格式级别）。

第三，页面布局：页边距与纸张设置。

第四，边框与底纹，背景的填充和水印制作。

第五，大纲级别和目录的生成：能利用"索引和目录"功能，在指定的文档中制作目录。

第六，建立数据源，进行邮件合并。

（三）电子表格制作软件 Excel 2010

1."考试要求"。熟练掌握工作表的建立、编辑、格式化，图表的建立、分析，数据库的概念和应用，表达式和基础函数的应用。

2."操作考点"。

（1）数据库（工作表）的建立。

第一，理解数据库的概念，理解字段与记录的基本概念，掌握各种类型数据的输入。

第二，公式的定义和复制（相对地址、绝对地址、混合地址的使用；表达式中数学运算符、文本运算符和比较运算符、区域运算符的使用）。

第三，掌握单元格、工作表与工作簿之间数据的传递。

第四，创建、编辑和保存工作簿文件。

（2）工作表中单元格数据的修改，常用的编辑与格式化操作。

第一，数据/序列数据的录入、移动、复制、选择性（转置）粘贴，单元格/行/列的插入与删除、清除（对象包括全部、内容、格式、批注）。

第二，页面设置（页面方向、缩放、纸张大小、页边距、页眉/页脚）。

第三，工作表的复制、移动、重命名、插入、删除。

第四，单元格样式的套用、新建、修改、合并、删除（清除格式）和应用。

第五，单元格或区域格式化（数字、对齐、字体、边框、填充背景图案、设置行高/列宽）、自动套用格式、条件格式的设置。

第六，插入/删除/修改页眉、页脚、批注。

第七，插入/删除/修改自选图形、SmartArt 图形、屏幕截图。

（3）函数和公式应用。掌握以下函数，按要求对工作表进行数据统计或分析：

第一，数学函数：ABS，INT，ROUND，TRUNC，RAND。

第二，统计函数：SUM，SUMIF，AVERAGE，COUNT，COUNTIF，COUNTA，MAX，MIN，RANK。

第三，日期函数：DATE，DAY，MONTH，YEAR，NOW，TODAY，TIME。

第四，条件函数：IF，AND，OR。

第五，财务函数：PMT，PV，FV。

第六，频率分布函数：FREQUENCY。

第七，数据库统计函数：DCOUNT，DCOUNTA，DMAX，DMIN，DSUM，DAVER-AGE。

第八，查找函数：VLOOKUP。

（4）图表操作。

第一，图表类型、应用与分析。

第二，图表的创建与编辑：图表的创建，插入/编辑/删除/修改图表（包括图表布局、图表类型、图表标题、图表数据、图例格式等）。

第三，图表格式的设置。

第四，数据透视图的应用。

（5）数据库应用。

第一，数据的排序（包括自定义排序）。

第二，筛选（自动筛选，高级筛选）。

第三，分类汇总。

第四，数据有效性的应用。

第五，合并计算。

第六，模拟分析。

第七，数据透视表的应用。

（四）演示文稿制作软件 PowerPoint 2010

1. "考试要求"。熟练掌握演示文稿的创建、保存、打开、制作、编辑和美化操作。

2. "操作考点"。

（1）演示文稿的创建、保存与修改。

第一，幻灯片内容的输入、编辑、查找、替换与排序。

第二，演示文稿中幻灯片的插入、复制、移动、隐藏和删除。

第三，幻灯片格式设置（字体、项目符号和编号）、应用设计主题模板、幻灯片版式。

第四，对象元素的插入、编辑、删除（包括：图片/音频/视频文件、自选图形、剪贴画、艺术字、SmartArt 图形、屏幕截图、文本框、表格、图表、批注）。

第五，幻灯片背景格式、超链接设置。

第六，幻灯片母版，讲义、备注母版的创建。

第七，演示文稿的保存和打印。

（2）文稿的播放。

第一，幻灯片动画的设置（包括：幻灯片切换效果、动作按钮、自定义动画、动作路径、动画预览、声音/持续时间）。

第二，幻灯片放映方式、自定义放映设置。

第三，添加 Flash 动画。

（五）网络应用

1. "考试要求"。掌握 Internet 的基本概念（包括：IP 地址、域名、URL、TCP/IP 协议以及电子邮件协议等）、接入方式和网络应用交流技巧；熟悉 IE 浏览器和常用网络软件的使用；熟练掌握文件、图形的上传与下载，收发电子邮件，网络资源的查找与应用。

2. "操作考点"。

（1）网站上电子邮箱的申请，电子邮件（含附件）的发送和接收。

（2）匿名或非匿名方式登录 FTP 文件服务器，上传和下载文件，创建、删除文件和文件夹。

（3）网页搜索引擎的应用、网页页面的保存，网页中文本和图片下载与保存。

三、考试方式

机试（考试时间：105 分钟）。

考试试题题型（分值）：选择题 15 题（15 分），WIN 操作题 6 题（15 分），Word 操作题 6 题（26 分），Excel 操作题 5 题（22 分），PowerPoint 操作题 4 题（15 分），网络操作题 2 题（7 分）。

四、教材或参考书

1. 刘文平主编：《大学计算机基础》（Windows 7 + Office 2010），中国铁道出版社

2011 年版，ISBN：978 – 7 – 113 – 08752 – 4。

2. 郑德庆主编：《计算机应用基础》（Windows 7 + Office 2010），中国铁道出版社 2011 年版，ISBN：978 – 7 – 113 – 13710 – 6。

各校如需征订或咨询可联系中国铁道出版社计算机图书中心，联系电话：010 – 83550291 或 010 – 83550290。

五、考试样题

（一）选择题

1. "单选题"如果要播放音频或视频光盘，不需要安装_____。

A. 声卡   B. 显卡   C. 播放软件   D. 网卡

2. "单选题"计算机的应用领域可大致分为 6 个方面，下列选项中属于计算机应用领域的是_____。

A. 现代教育、操作系统、人工智能 B. 科学计算、数据结构、文字处理

C. 过程控制、科学计算、信息处理 D. 信息处理、人工智能、文字处理

3. "单选题"计算机病毒主要造成_____。

A. 磁盘片的损坏   B. 磁盘驱动器的破坏

C. CPU 的破坏   D. 程序和数据的破坏

4. "单选题"显示器主要参数之一是分辨率，其含义是_____。

A. 可显示的颜色总数

B. 显示屏幕光栅的列数和行数

C. 在同一幅画面上所显示的字符数

D. 显示器分辨率是指显示器水平方向和垂直方向显示的像素点数

5. "单选题"人们根据特定的需要，预先为计算机编制的指令序列称为_____。

A. 软件   B. 文件   C. 集合   D. 程序

6. "单选题"下列关于 Windows 菜单的说法中，不正确的是_____。

A. 命令前有"·"记号的菜单选项，表示该项已经选用

B. 当鼠标指向带有向右黑色等边三角形符号的菜单选项时，弹出一个子菜单

C. 带省略号（…）的菜单选项执行后会打开一个对话框

D. 用灰色字符显示的菜单选项表示相应的程序被破坏

7. "单选题"在 Windows 中，下列不能进行文件夹重命名操作的是_____。

A. 选定文件后再按 F4

B. 选定文件后再单击文件名一次

C. 鼠标右键单击文件，在弹出的快捷菜单中选择"重命名"命令

D. 用"资源管理器" ／"文件"下拉菜单中的"重命名"命令

8. "单选题"在 Word 中，如果要插入页眉和页脚，首先要切换到_____视图方式下。

A. 大纲　　　　　　B. 草稿　　　　　　C. 页面　　　　　　D. 阅读版式

9. "单选题"在 Word 中，_____的作用是能在屏幕上显示所有文本内容。

A. 滚动条　　　　　B. 控制框　　　　　C. 标尺　　　　　　D. 最大化按钮

10. "单选题"在 Word 中，关于打印预览，下列说法错误的是_____。

A. 在正常的页面视图下，可以调整视图的显示比例，也可以很清楚地看到该页中的文本排列情况

B. 单击自定义快速访问工具栏上的"打印预览"按钮，进入预览状态

C. 选择"文件"菜单中的"打印预览"命令，可以进入打印预览状态

D. 在打印预览时不可以确定预览的页数

11. "单选题"下列操作中，不能在 Excel 工作表的选定单元格中输入公式的是_____。

A. 单击编辑栏中的"插入函数"按钮

B. 单击"公式"菜单中的"插入函数"命令

C. 单击"插入"菜单中的"对象…"命令

D. 直接在编辑栏中输入公式函数

12. "单选题"当向 Excel 工作表单元格输入公式时，使用单元格地址 DMYM2 引用 D 列 2 行单元格，该单元格的引用称为_____。

A. 交叉地址引用　　　　　　　　B. 混合地址引用

C. 相对地址引用　　　　　　　　D. 绝对地址引用

13. "单选题"如要终止幻灯片的放映，可直接按_____键。

A. "Ctrl"+"C"　　B. "Esc"　　　C. "End"　　　　　D. "Alt"+"F4"

14. "单选题"电子邮件地址的一般格式为_____。

A. 用户名@域名　　　　　　　　B. 域名@用户名

C. IP 地址@域名　　　　　　　　D. 域名@IP 地址

15. "单选题"FTP 协议是一种用于_____的协议。

A. 网络互联　　　　　　　　　　B. 传输文件

C. 提高计算机速度　　　　　　　D. 提高网络传输速度

（二）Windows 操作

1. 试用 Windows 的"记事本"创建文件：MY，存放于：C:\winks\Temp 文件夹中，文件类型为 TXT，文件内容如下（内容不含空格或空行）：

五月江南赏青青杨柳

2. 请在"C:\winks"目录下搜索文件"mybook3.txt"，并把该文件的属性改为

"隐藏",其他属性全部取消。

3. 请在"C:\winks"目录下搜索快捷图标"funny"并删除。

4. 请将位于"C:\winks\Temp\red1"上的文件"biao. txt"复制到目录"C:\winks\Temp\red3"上。

5. 请将位于"C:\winks\Temp\red2"上的文件"tian. txt"移动到目录"C:\winks\Dian\read3"上。

6. 请将压缩文件"C:\winks\computer. rar"里面被压缩的文件夹 test 解压到"C:\Winks\bbb"目录下,把压缩包里面被压缩的文件"paper. doc"解压到"C:\winks\eee\kaoshi"内。

(三) WORD 操作

1. 请打开 C:\winks\word\530001005. docx 文档,完成以下操作:(注:文本中每一回车符作为一段落,没有要求操作的项目请不要更改)

A. 设置该文档纸张的奇、偶页采用不同的页眉、页脚,首页也不同。

B. 页眉边距为 50 磅,页脚边距为 30 磅。

C. 页面垂直对齐方式为居中,添加起始编号为 2 的行号,设置页面边框为绿色(自定义颜色为:红色 0,绿色 255,蓝色 0)双细实线的阴影边框。

D. 保存文件。

2. 请打开 C:\winks\word\530001002. docx 文档,完成以下操作:(注:文本中每一回车符作为一段落,没有要求操作的项目请不要更改)

A. 在文档的标题"桑葚"文字后插入尾注:内容"又名桑果、桑枣",位置"节的结尾"。

B. 在文档中正文第四段后插入批注:"南疆的情况"。

C. 保存文件。

3. 请打开 C:\winks\word\5300005002. docx 文档,完成以下操作:(注:文本中每一回车符作为一段落,没有要求操作的项目请不要更改)

A. 对该文档的项目符号和编号格式进行设置(如附图 1 所示)。自定义多级列表,编号格式级别 1 的编号样式:A,B,C,…,编号对齐位置:1 厘米,编号格式级别 2 的编号样式:1,2,3,…,编号对齐位置:1. 75 厘米。

B. 保存文件。

4. 请打开 C:\winks\word\5300014001. docx 文档,完成以下操作:(注:文本中每一回车符作为一段落,没有要求操作的项目请不要更改)

A. 在文档最后一段插入附图 2 的基本棱锥图,更改其颜色为:彩色 - 强调文字颜色。

B. 保存文件。

烟机传到情贵台子下，每美昌都眼指粮
渗透着不断发展着的新技术和企业文

A. 烟叶初烤
　1. 烟叶颜色由黄绿色变成黄色；
　2. 烟叶的含水量由 80~90%的服

B. 打叶复烤
　1. 调整水分，防止霉变；
　2. 排除杂气，净化香气；
　3. 杀虫灭菌，有利储存；
　4. 保持色泽，利于生产。

C. 烟支制卷
　1. 首先是卷制部分由烟丝进料、系统构成；
　2. 然后是接装部分由烟支供给、

D. 卷烟包装
　1. 小盒包装 分为软包包装和硬
　2. 条烟包装 分为软条包装和硬
　3. 箱装 一般使用瓦楞纸的纸箱

附图　**1**

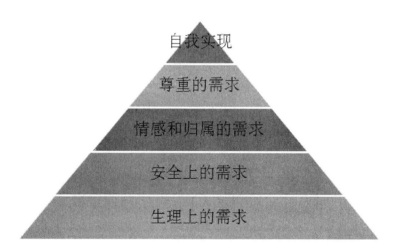

附图　**2**

5. 以下文档均保存到 C：\WINKS\word 目录内，并按指定要求进行操作。

A. 5300026002. doc 文档有一表格，利用该表格作为数据源进行邮件合并；新创建一个 word 主文档，输入："同学，你的面试成绩为，我们的考核，感谢您的支持。"的内容，文字大小为：小四号，主文档采用信函类型，插入域合并到新文档后内容如下图，主文档先保存为 5300026001．xml 格式文件，所有记录合并到新文档后再保存为 5300026003．doc 文档，合并后第一页文档如附图 3 所示。

　　B．保存文件。

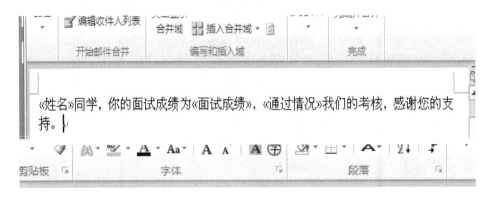

　　《姓名》同学，你的面试成绩为《面试成绩》，《通过情况》我们的考核，感谢您的支持。

　　于海同学，你的面试成绩为 74，没有通过我们的考核，感谢您的支持。

附图　3

　　6．打开 C：\winks\5300008002．doc 文档，完成以下操作：（没有要求的项目请不要更改）

　　A．计算每位学生的总分以及每个科目的平均分（学生总分计算公式使用 LEFT 关键字；平均分计算公式使用 ABOVE 关键字，不使用公式不得分）。

　　B．在班级列中按班级数值的升序排序。

　　C．整个表格套用列表型 8 的表格样式，且单元格设置水平居中及垂直居中排列。

　　D．保存文件。

姓名	班级	语文	数学	总分
申国栋	一班	78	76	154
肖静	二班	76	58	134
李柱	二班	89	89	178
李光华	一班	96	78	174
陈昌兴	二班	77	88	165
吴浩权	一班	88	60	148
平均分		84	74.83	

附图　4

（四）EXCEL 操作

1. 请打开工作簿文件 C：\winks\excel\430000606.xlsx，并按指定要求完成有关的操作。

A. 请对"库存表"的"数量"列 C2：C26 单元格按不同的条件设置显示格式，其中数量在 10 以下的（含 10），采用粗体、单下划线、标准色红色字体，并加上标准色绿色外边框；对于数量在 11 到 50（含 11、50）之间的，采用自定义颜色为：红色 255，绿色 102，蓝色 255 的文字，并加上"细对角线条纹"的图案。数量在 51（含）以上的采用双下划线、标准色蓝色字体。

B. 保存文件。

2. 请打开工作簿文件 C：\winks\excel\2005001.xlsx，并按指定要求完成有关的操作。

A. 在单元格 F2 用函数公式计算出党龄，复制到 F3：F19 区域中（提示使用日期与时间函数 YEAR 以及 NOW，另外需完成单元格的格式设置后才能查看到正确结果）。

B. 把 F 列的单元格式设置为数值，小数位数为 0。

C. 保存文件。

3. 请打开工作簿文件 C：\winks\excel\2005002.xlsx，并按指定要求完成有关的操作。

A. 使用图表中数据 A2：A8 以及 D2：D8 插入图表，图表类型为三维柱形图，图表为布局 2，横坐标轴下方标题为学院名称，图表标题为各学院就业率，在左侧显示图例，显示模拟运算表。

B. 保存文件。

4. 请打开 C：\winks\excel\07100801.xlsx 工作簿，并按指定要求完成有关的操作。

A. 对工作表进行设置，当用户选中"职务"列的任一单元格时，在其右侧显示一个下拉列表框箭头，并提供"警监""警督""警司"和"警员"的选择项供用户选择（如附图 5 所示）。

B. 当选中"工龄"列的任一单元格时，显示"请输入 0 - 50 的有效工龄"，其标题为"工龄"，当用户输入某一工龄值时，即进行检查，如果所输入的工龄不在指定的范围内，错误信息提示"工龄必须在 0 - 50 之间"，"停止"样式，同时标题为"工龄非法"。以上单元格均忽略空值。

C. 保存文件。

5. 请打开 C：\winks\excel\07100802.xlsx 工作簿，并按指定要求完成有关的操作。

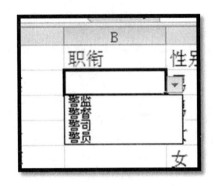

附图 5

A. 采用高级筛选从"Sheet1"工作表中筛选出所有生源地为汕头的女学生或者是考研的学生记录，条件区域由 G2 开始（依次为：性别，生源地，是否考研）并把筛选出来的记录保存到 Sheet1 工作表从 G8 开始的区域中。

B. 保存文件。

（五）POWERPOINT 操作

1. 请打开演示文稿 C：\winks\ppt\2333003.pptx，按要求完成下列各项操作并保存。（注意：演示文稿中的各对象不能随意删除和添加，艺术字中没有指定的选项请勿设置）

A. 在第二张幻灯片中增加艺术字，内容为"梅花大道"，艺术字样式为第 4 行第 1 列。

B. 完成以上操作后先保存原文档，然后将该演示文稿另存为 C：\winks\plum.pptx。

2. 请打开演示文稿 C：\winks\ppt\2333005.pptx，按要求完成下列各项操作并保存。（注意：演示文稿中的各对象不能随意删除和添加）

A. 在第一张幻灯片添加副标题：第一单元，字体格式为：36 磅、添加快速样式为第 4 行第 2 列。

B. 将第二张幻灯片的含文字"问题"文本部分设置自定义动画，添加进入效果为：菱形，方向：缩小。

C. 保存文件。

3. 请打开演示文稿 C：\winks\ppt\2333004.pptx，按要求完成下列各项操作并保存。（注意：演示文稿中的各对象不能随意删除和添加）

A. 将第二张幻灯片文字"朝鲜筝"的超链接位置修改为第 4 张幻灯片。

B. 在第三张幻灯片右下角插入一个无动作、无播放声音的"声音"动作按钮。

C. 将张幻灯片中的图片设置映像格式，使用预设类型为紧密映像、4pt 偏移量。

D. 设置所有幻灯片的切换效果为随机线条，持续时间为 5 秒、声音为鼓声，自动换片时间为 2 秒，取消单击鼠标换片。

E. 保存文件。

4. 请打开演示文稿 C：\winks\ppt\2333012.pptx，按要求完成下列各项操作并保存。（注意：演示文稿中的各对象不能随意删除和添加）

A. 将第三张幻灯片的版式更换为"标题和竖排文字"。

B. 设置幻灯片方向为纵向。

C. 背景样式设置为样式9。

D. 在第一张幻灯片插入 SmartArt 图形，图形布局为循环类型中的基本循环布局，如附图6所示填入相应的文字，设置布局颜色为"彩色–强调文字颜色"。

E. 将放映选项设置为循环放映，按 Esc 键终止。

F. 保存文件。

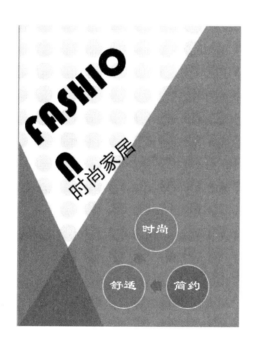

附图　6

（六）网络操作

1. "动物频道"网站中有一个免费的邮箱申请服务，该网站的地址是202.116.44.67：80/406/main.htm，请你向该网站申请一个免费的邮箱，申请时请使用用户名：sports，密码：golf，身份证号：使用你的考试证号。

2. 请访问"地理频道"网站，地址是202.116.44.67：80/404/main.htm，利用该网站的搜索引擎，搜索名称为"季风气候"的网页，将文章中标识为图1的图片，下载到 C：\winks，保存文件名为：linfeng，格式为 jpg。